아이가 주인공인 책

아이는 스스로 생각하고 매일 성장합니다.
부모가 아이를 존중하고 그 가능성을 믿을 때
새로운 문제들을 스스로 해결해 나갈 수 있습니다.

<기적의 학습서>는 아이가 주인공인 책입니다.
탄탄한 실력을 만드는 체계적인 학습법으로
아이의 공부 자신감을 높여 줍니다.

아이의 가능성과 꿈을 응원해 주세요.
아이가 주인공인 분위기를 만들어 주고,
작은 노력과 땀방울에 큰 박수를 보내 주세요.
<기적의 학습서>가 자녀 교육에 힘이 되겠습니다.

초등 5학년

기적의 계산법 응용UP • 10권

초판 발행 2021년 1월 15일
초판 4쇄 발행 2022년 8월 19일

지은이 기적학습연구소
발행인 이종원
발행처 길벗스쿨
출판사 등록일 2006년 7월 1일
주소 서울시 마포구 월드컵로 10길 56(서교동)
대표 전화 02)332-0931 | **팩스** 02)333-5409
홈페이지 school.gilbut.co.kr | **이메일** gilbut@gilbut.co.kr

기획 김미숙(winnerms@gilbut.co.kr) | **책임편집** 이지훈
제작 이준호, 손일순, 이진혁 | **영업마케팅** 문세연, 박다슬 | **웹마케팅** 박달님, 정유리, 윤승현
영업관리 김명자, 정경화 | **독자지원** 윤정아, 최희창
디자인 정보라 | **표지 일러스트** 김다예 | **본문 일러스트** 류은형
전산편집 글사랑 | **CTP 출력·인쇄·제본** 벽호

ISBN 979-11-6406-304-8 64410
(길벗스쿨 도서번호 10731)

정가 9,000원

 기적학습연구소 **수학연구원 엄마**의 **고군분투서!**

저는 게임과 유튜브에 빠져 공부에는 무념무상인 아들을 둔 엄마입니다.
오늘도 아들이 조금 눈치를 보는가 싶더니 '잠깐만, 조금만'을 일삼으며 공부를 내일로 또 미루네요.
'그래, 공부보다는 건강이지.' 스스로 마음을 다잡다가도 고학년인데 여전히 공부에
관심이 없는 녀석의 모습을 보고 있자니 저도 모르게 한숨이…… .

5학년이 된 아들이 일주일에 한두 번씩 하교 시간이 많이 늦어져서 하루는 앉혀 놓고 물어봤습니다.
수업이 끝나고 몇몇 아이들은 남아서 틀린 수학 문제를 다 풀어야만 집에 갈 수 있다고 하더군요.
맙소사, 엄마가 회사에서 수학 교재를 십수 년째 만들고 있는데, 아들이 수학 나머지 공부라니요? 정신이 번쩍 들었습니다.
저학년 때는 어쩌다 반타작하는 날이 있긴 했지만 곧잘 100점도 맞아 오고 해서 '그래, 머리가 나쁜 건 아니야.' 하고 위안을 삼으며
'아직 저학년이잖아. 차차 나아지겠지.'라는 생각에 공부를 강요하지 않았습니다.
그런데 아이는 어느새 훌쩍 자라 여느 아이들처럼 수학 좌절감을 맛보기 시작하는 5학년이 되어 있었습니다.

학원에 보낼까 고민도 했지만, 그래도 엄마가 수학 전문가인데… 영어면 모를까 내 아이 수학 공부는 엄마표로 책임져 보기로 했습니다.
아이도 나머지 공부가 은근 자존심 상했는지 엄마의 제안을 순순히 받아들이더군요. 매일 계산법 1장, 문장제 1장, 초등수학 1장씩 수학 공부를 시작했습니다. 하지만 기초도 부실하고 학습 습관도 안 잡힌 녀석이 갑자기 하루 3장씩이나 풀다보니 힘에 부쳤겠지요.
호기롭게 시작한 수학 홈스터디는 공부량을 줄이려는 아들과의 전쟁으로 변질되어 갔습니다. 어떤 날은 애교와 엄살로 3장이 2장이 되고, 어떤 날은 울음과 샤우팅으로 3장이 아예 없던 일이 되어버리는 등 괴로움의 연속이었죠. 문제지 한 장과 게임 한 판의 딜이 오가는 일도 비일비재했습니다. 곧 중학생이 될 텐데… 엄마만 조급하고 녀석은 점점 잔꾀만 늘어가더라고요. 안 하느니만 못한 수학 공부 시간을 보내며 더이상 이대로는 안 되겠다 싶은 생각이 들었습니다. 이 전쟁을 끝낼 묘안이 절실했습니다.
우선 아이의 공부력에 비해 너무 과한 욕심을 부리지 않기로 했습니다. 매일 퇴근길에 계산법 한쪽과 문장제 한쪽으로 구성된 아이만의 맞춤형 수학 문제지를 한 장씩 만들어 갔지요. 그리고 아이와 함께 풀기 시작했습니다. 앞장에서 꼭 필요한 연산을 익히고, 뒷장에서 연산을 적용한 문장제나 응용문제를 풀게 했더니 응용문제도 연산의 연장으로 받아들이면서 어렵지 않게 접근했습니다. 아이 또한 확 줄어든 학습량에 아주 만족해하더군요. 물론 평화가 바로 찾아온 것은 아니었지만, 결과는 성공적이었다고 자부합니다.

이 경험은 <기적의 계산법 응용UP>을 기획하고 구현하게 된 시발점이 되었답니다.

1. 학습 부담을 줄일 것! 딱 한 장에 앞 연산, 뒤 응용으로 수학 핵심만 공부하게 하자.
2. 문장제와 응용은 꼭 알아야 하는 학교 수학 난이도만큼만! 성취감, 수학자신감을 느끼게 하자.
3. 욕심을 버리고, 매일 딱 한 장만! 짧고 굵게 공부하는 습관을 만들어 주자.

이 책은 위 세 가지 덕목을 갖추기 위해 무던히 애쓴 교재입니다.

<기적의 계산법 응용UP>이 저와 같은 고민으로 괴로워하는 엄마들과 언젠가는 공부하는 재미에
푹 빠지게 될 아이들에게 울트라 종합비타민 같은 선물이 되길 진심으로 바랍니다.

길벗스쿨 기적학습연구소에서

매일 한 장으로 완성하는 응용UP 학습설계

Step 1

핵심개념 이해

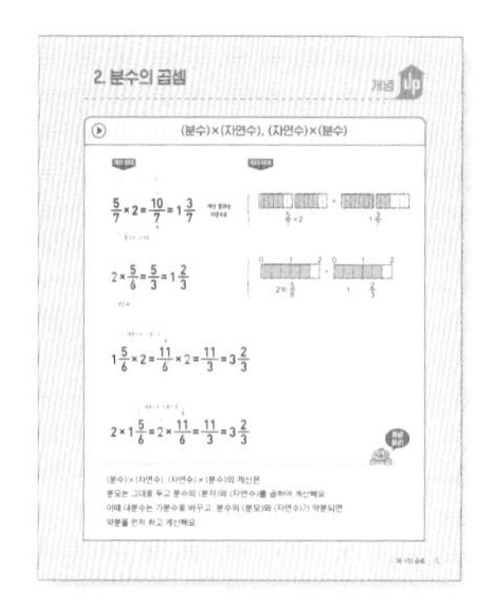

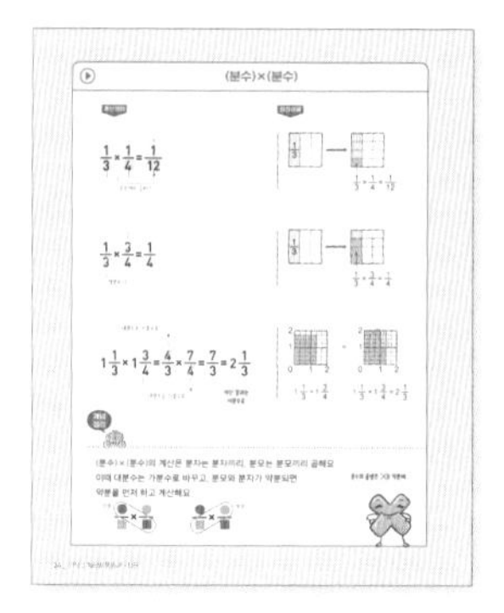

▶ 단원별 핵심 내용을 시각화하여 정리하였습니다. 연산방법, 개념 등을 정확하게 이해한 다음, 사진을 찍듯 머릿속에 담아 두세요. 개념정리만 묶어 나만의 수학개념모음집을 만들어도 좋습니다.

Step 2

연산 + 응용 균형학습

앞 연산

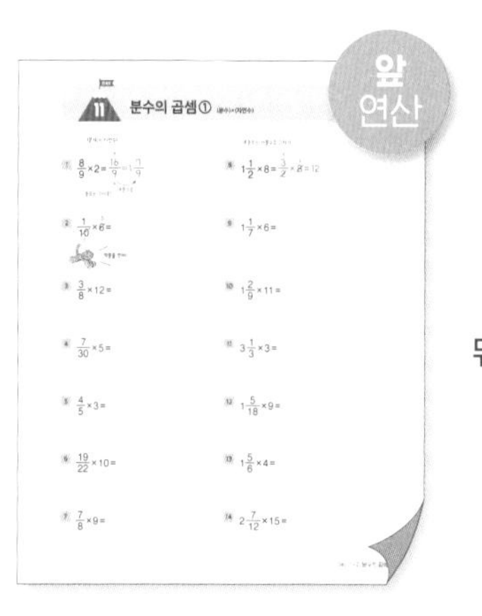

뒤집으면

뒤 응용

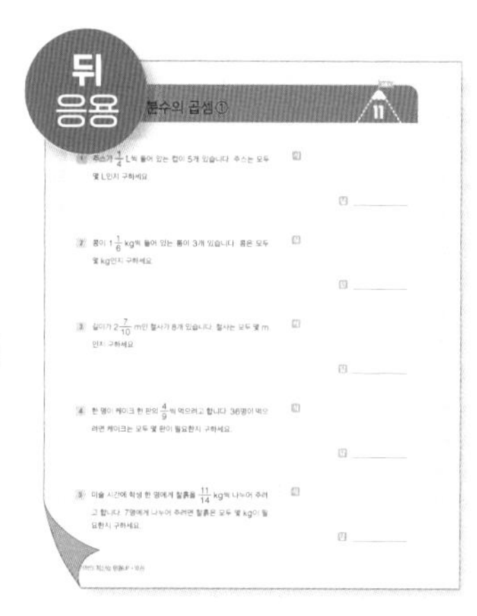

▶ 앞 연산, 뒤 응용으로 구성되어 있어 매일 한 장 학습으로 연산훈련 뿐만 아니라 연산적용 응용문제까지 한번에 학습할 수 있습니다. 매일 한 장씩 뜯어서 균형잡힌 연산 훈련을 해 보세요.

Step 3

평가로 실력점검

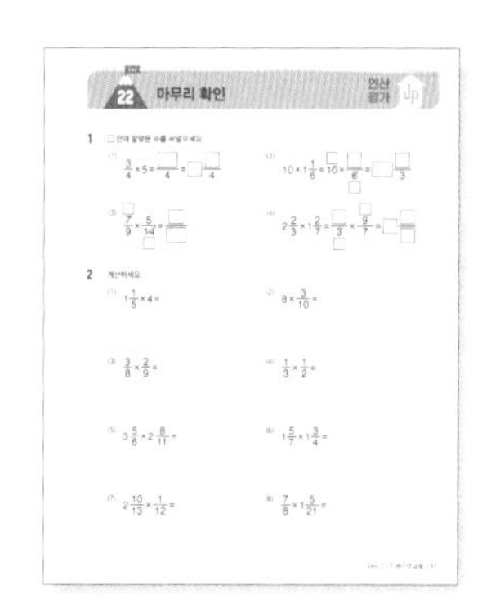

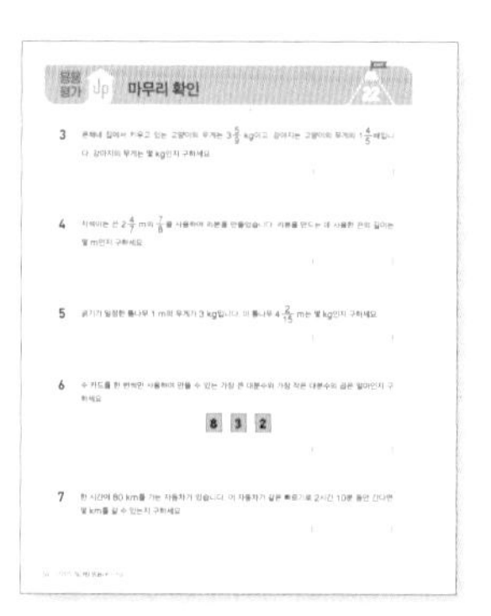

▶ 점수도 중요하지만, 얼마나 이해하고 있는지를 아는 것이 더 중요합니다. 배운 내용을 꼼꼼하게 확인하고, 틀린 문제는 앞으로 돌아가 한번 더 연습하세요.

Step 2 연산+응용 균형학습

▶ 매일 연산+응용으로 균형 있게 훈련합니다.

매일 하는 수학 공부, 연산만 편식하고 있지 않나요?
수학에서 연산은 에너지를 내는 탄수화물과 같지만,
그렇다고 밥만 먹으면 영양 불균형을 초래합니다.
튼튼한 근육을 만드는 단백질도 꼭꼭 챙겨 먹어야지요.
기적의 계산법 응용UP은 매일 한 장 학습으로
계산력과 응용력을 동시에 훈련할 수 있도록 만들었습니다.
앞에서 연산 반복훈련으로 속도와 정확성을 높이고,
뒤에서 바로 연산을 활용한 응용 문제를 해결하면서
문제이해력과 연산적용력을 키울 수 있습니다.
균형잡힌 연산 + 응용으로 수학기본기를 빈틈없이 쌓아 나갑니다.

▶ 다양한 응용 유형으로 폭넓게 학습합니다.

반복연습이 중요한 연산, 유형연습이 중요한 응용!
문장제형, 응용계산형, 빈칸추론형, 논리사고형 등 다양한 유형의 응용 문제에 연산을 적용해 보면서
연산에 대한 수학적 시야를 넓히고, 튼튼한 수학기초를 다질 수 있습니다.

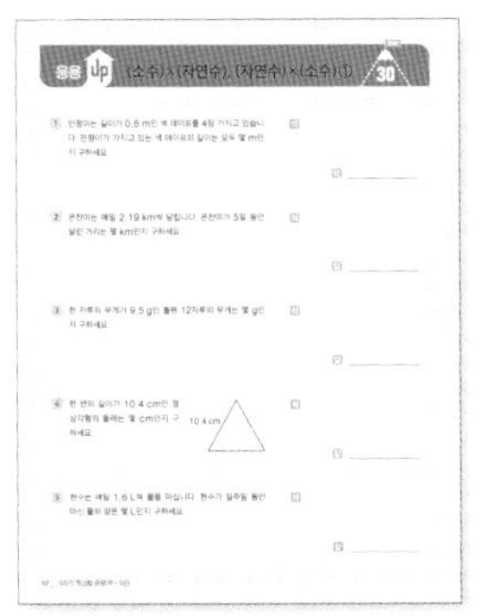
| 문장제형 |

| 응용계산형 |

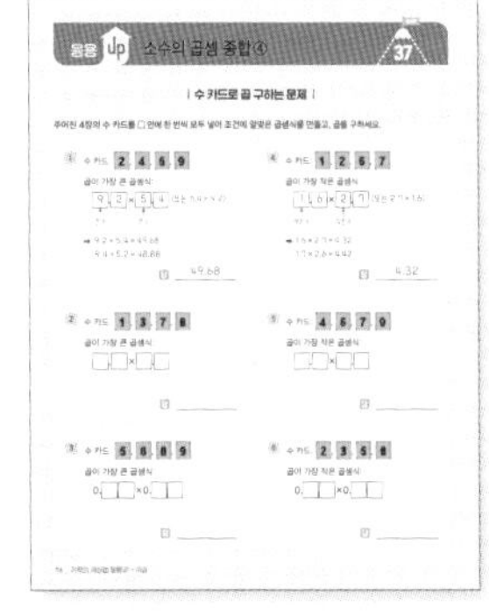
| 빈칸추론형 |

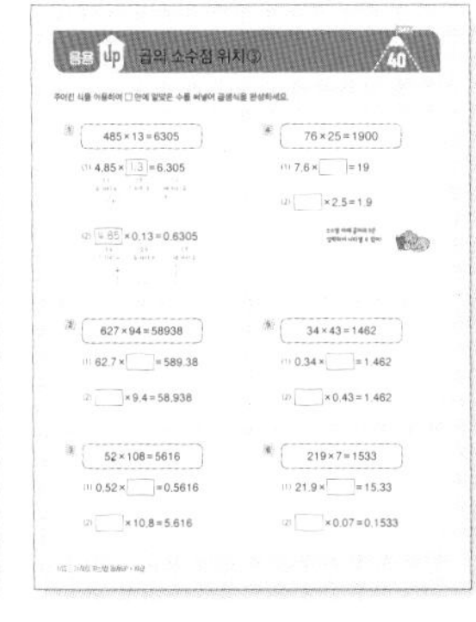
| 논리사고형 |

▶ 뜯기 한 장으로 언제, 어디서든 공부할 수 있습니다.

한 장씩 뜯어서 사용할 수 있도록 칼선 처리가 되어 있어
언제 어디서든 필요한 만큼 쉽게 공부할 수 있습니다.
매일 한 장씩 꾸준히 풀면서 공부 습관을 길러 봅니다.

차례

01

수의 범위와 어림하기

• 학습계열표 •

이전에 배운 내용

3-1 길이와 시간
- 길이 어림하기

3-2 들이와 무게
- 들이 어림하기
- 무게 어림하기

▼

지금 배울 내용

5-2 수의 범위와 어림하기
- 이상, 이하, 초과, 미만
- 올림, 버림, 반올림

▼

앞으로 배울 내용

6-2 소수의 나눗셈
- 몫을 반올림하여 나타내기

• 학습기록표 •

학습 일차	학습 내용	날짜	맞은 개수	
			연산	응용
DAY 1	**수의 범위①** 이상, 이하, 초과, 미만	/	/4	/4
DAY 2	**수의 범위②** 이상, 이하, 초과, 미만	/	/12	/3
DAY 3	**수의 범위③** 이상, 이하, 초과, 미만	/	/10	/3
DAY 4	**수의 범위④** 수의 범위와 수직선	/	/12	/6
DAY 5	**수 어림하기①** 올림	/	/10	/5
DAY 6	**수 어림하기②** 버림	/	/10	/5
DAY 7	**수 어림하기③** 반올림	/	/10	/5
DAY 8	**수 어림하기④** 소수 어림하기	/	/12	/4
DAY 9	**수 어림하기⑤** 올림, 버림, 반올림	/	/10	/5
DAY 10	**마무리 확인**	/	/17	

책상에 붙여 놓고
매일매일 기록해요.

1. 수의 범위와 어림하기

이상, 이하

• ▲ 이상인 수: ▲와 같거나 큰 수

예 20 이상인 수:

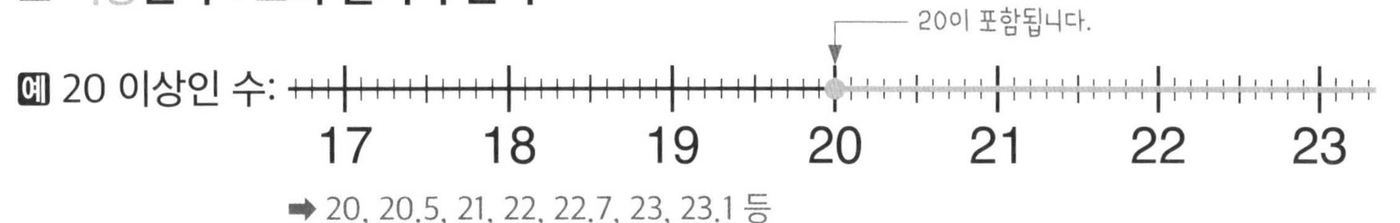

➡ 20, 20.5, 21, 22, 22.7, 23, 23.1 등

• ▲ 이하인 수: ▲와 같거나 작은 수

예 20 이하인 수:

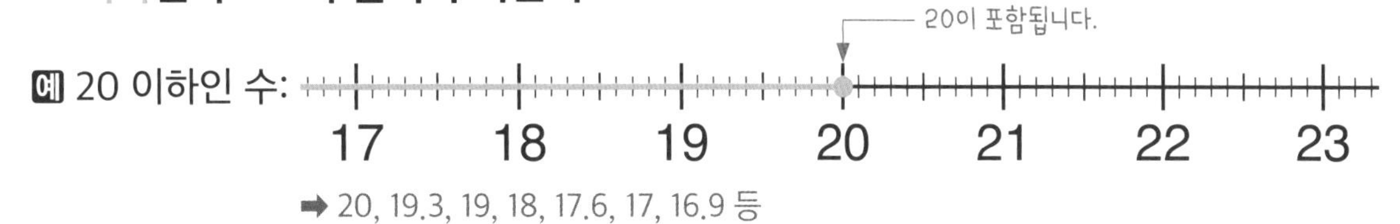

➡ 20, 19.3, 19, 18, 17.6, 17, 16.9 등

초과, 미만

• ▲ 초과인 수: ▲보다 큰 수

예 20 초과인 수:

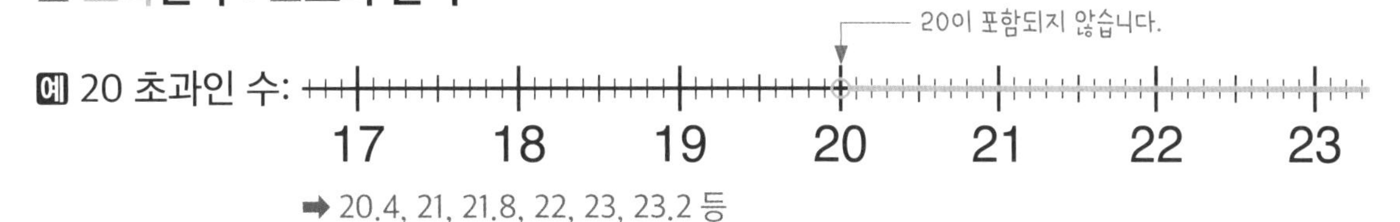

➡ 20.4, 21, 21.8, 22, 23, 23.2 등

• ▲ 미만인 수: ▲보다 작은 수

예 20 미만인 수:

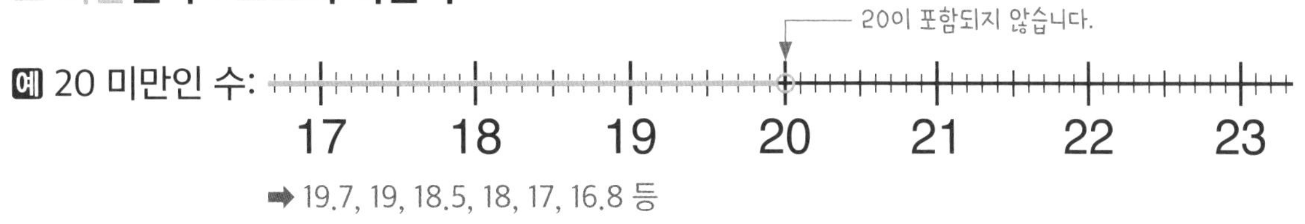

➡ 19.7, 19, 18.5, 18, 17, 16.8 등

올림

올림 : 구하려는 자리의 아래 수를 올려서 나타내는 방법

1840 —(올림하여 백의 자리까지 나타내면)→ 1900
40 → 올립니다.

1860 —(올림하여 백의 자리까지 나타내면)→ 1900
60 → 올립니다.

버림

버림 : 구하려는 자리의 아래 수를 버려서 나타내는 방법

1840 —(버림하여 백의 자리까지 나타내면)→ 1800
40 → 버립니다.

1860 —(버림하여 백의 자리까지 나타내면)→ 1800
60 → 버립니다.

반올림

반올림 : 구하려는 자리 바로 아래 자리의 숫자가
0, 1, 2, 3, 4이면 버리고, 5, 6, 7, 8, 9이면 올려서 나타내는 방법

1840 —(반올림하여 백의 자리까지 나타내면)→ 1800
4 → 버립니다.

1860 —(반올림하여 백의 자리까지 나타내면)→ 1900
6 → 올립니다.

DAY

1 수의 범위① 이상, 이하, 초과, 미만

연산

수의 범위에 포함되는 수에 모두 ○표 하세요.

1 6 이상인 수

6과 같거나 큰 수

3 4 5 (6) (7) (8) (9)

6 이하인 수

6과 같거나 작은 수

(3) (4) (5) (6) 7 8 9

6 초과인 수

6보다 큰 수

3 4 5 6 (7) (8) (9)

6 미만인 수

6보다 작은 수

(3) (4) (5) 6 7 8 9

2 10 이상인 수

7 8 9 10 11 12 13

10 초과인 수

7 8 9 10 11 12 13

10 이하인 수

7 8 9 10 11 12 13

10 미만인 수

7 8 9 10 11 12 13

3 35 이하인 수

30 31 32 33 34 35

30 초과인 수

30 31 32 33 34 35

35 미만인 수

30 31 32 33 34 35

30 이상인 수

30 31 32 33 34 35

4 23 초과인 수

23 24 25 26 27 28

28 미만인 수

23 24 25 26 27 28

23 이상인 수

23 24 25 26 27 28

28 이하인 수

23 24 25 26 27 28

응용 UP 수의 범위①

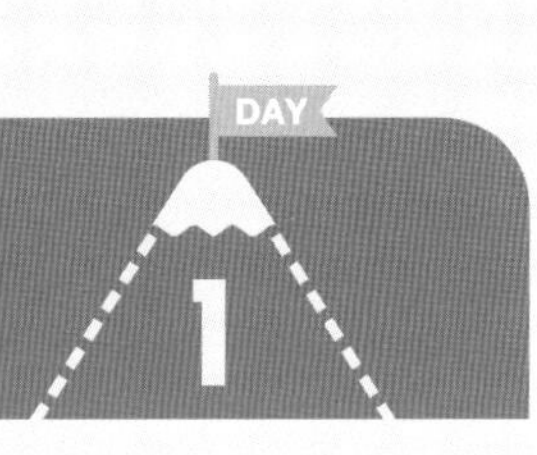

실생활에서 이상, 이하, 초과, 미만을 알아보세요.

1 우리나라에서 투표할 수 있는 나이는 만 19세 이상입니다. 찬빈이네 가족 중에서 투표할 수 있는 사람을 모두 쓰세요.

답 ______________

2 시속 50 km 이하로 달리는 자동차를 모두 찾아 쓰세요.

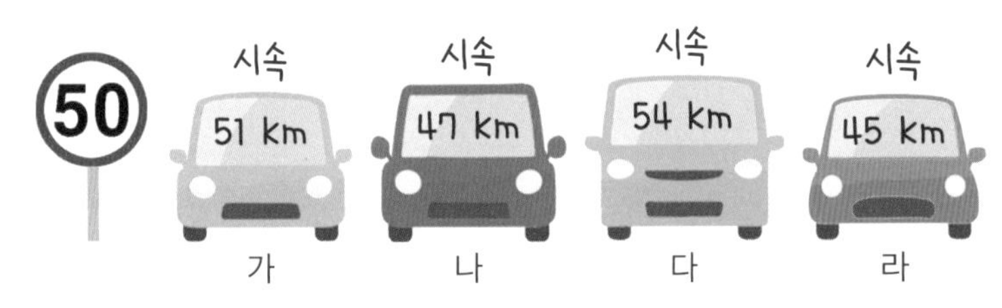

답 ______________

3 정원이 45명인 버스에 다음과 같이 사람들이 탔습니다. 정원을 초과한 버스를 모두 찾아 쓰세요.

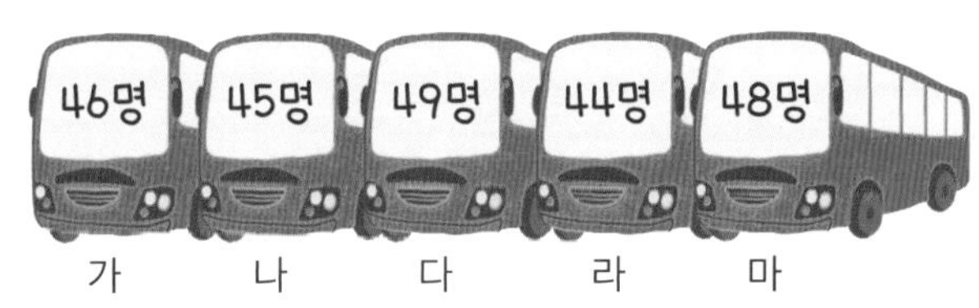

답 ______________

4 통과 제한 높이가 3.3 m인 터널이 있습니다. 자동차의 높이를 보고 터널을 통과할 수 없는 자동차를 모두 찾아 쓰세요.

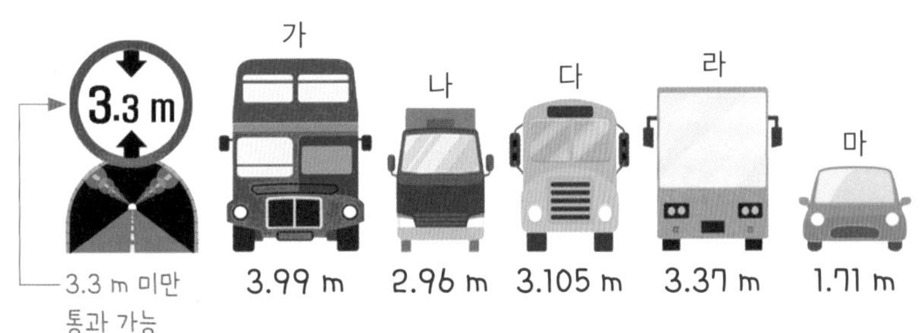

답 ______________

DAY 2

수의 범위② 이상, 이하, 초과, 미만

연산

수의 범위에 포함되는 수에 모두 ○표 하세요.

1 9 이상인 수

9 6 25 8 20 13

2 24 이상인 수

34 26 23 19 11 7

3 50 이하인 수

48 55 51 62 50 60

4 17 이하인 수

16 23 5 14 30 18

5 15 초과인 수

10 25 19 7 16 15

6 31 초과인 수

33 30 24 38 13 41

7 22 미만인 수

17 22 40 32 21 14

8 68 미만인 수

60 65 69 70 75 86

9 13 이하인 수

13.3 11 12.5 15 30

10 45 초과인 수

50 42 49.1 40.5 47

11 76 미만인 수

81.4 62 80 77.6 73

12 89 이상인 수

85 80.9 100 89 72

응용 up 수의 범위②

1 해솔이네 모둠 학생들이 키가 135 cm 이상인 사람은 탈 수 없는 놀이 기구 앞에 줄을 서 있습니다. 이 놀이 기구를 탈 수 없는 학생의 이름을 모두 쓰세요.

학생들의 키

이름	해솔	세연	태훈	다윤	준석
키(cm)	132	137.1	135	130.8	139

답 ______________

2 5명의 학생 중 100 m 달리기 기록이 17.5초 미만인 학생을 반 대표로 뽑으려고 합니다. 반 대표로 뽑힐 수 있는 학생의 이름을 모두 쓰세요.

100 m 달리기 기록

이름	윤아	성진	초롱	현우	진규
기록(초)	17	19.5	20	16.8	18

답 ______________

3 수진이네 학교의 학년별 학생 수를 조사하여 나타낸 표입니다. 학생 수가 130명 초과인 학년을 모두 쓰세요.

학년별 학생 수

학년	1학년	2학년	3학년	4학년	5학년	6학년
학생 수(명)	96	100	135	130	127	140

답 ______________

수의 범위③ 이상, 이하, 초과, 미만

연산

수의 범위에 포함되는 수에 모두 ○표 하세요.

1 7 이상 10 이하인 수 → 7과 같거나 크고 10과 같거나 작은 수

3	11	(9)	20	1
15	(7)	(10)	6	27

2 12 이상 16 이하인 수

16	11	8	10	13
5	19	12	14	27

3 33 초과 35 미만인 수

21	35	18	34	29
27	13	30	15	33

4 96 초과 99 미만인 수

100	89	84	98	73
97	94	95	81	90

5 68 이상 73 이하인 수

72	70.5	80	62	77
75.8	58	81	73	69

6 20 초과 24 미만인 수

17.2	30	23	34	16
25	38	21	19	24.1

7 41 이상 48 미만인 수

52	47	14	33	40
41	29	63	48	45

8 75 초과 85 이하인 수

60	72	89	90	75
69	80	73	85	61

9 23 이상 31 미만인 수

24	33	19	16	21
20	45	37	22	30

10 84 초과 91 미만인 수

91	78	97	86	80
84	90	89	99	81

응용 up 수의 범위③

1 원준이네 모둠 남학생들의 줄넘기 기록을 나타낸 표입니다. 원준이와 같은 점수를 받은 학생의 이름을 쓰세요.

줄넘기 기록

이름	횟수(번)
원준	95
태성	100
시헌	57
건웅	81

점수별 횟수

점수(점)	횟수(번)
1	60 미만
2	60 이상 80 미만
3	80 이상 100 미만
4	100 이상

답 ______

2 선아네 모둠 여학생들이 태권도 대회에 참가하려고 합니다. 선아와 같은 체급에 속한 학생의 이름을 쓰세요.

여학생들의 몸무게

이름	몸무게(kg)
선아	44
혜미	43
준희	47
예림	39

체급별 몸무게(초등학교 여학생용)

체급	몸무게(kg)
라이트급	37 초과 40 이하
라이트 웰터급	40 초과 43 이하
웰터급	43 초과 47 이하

답 ______

3 지훈이네 가족이 유람선을 타려고 합니다. 지훈이네 가족이 모두 유람선을 탄다면 유람선 이용료는 얼마인지 구하세요.

지훈이네 가족의 나이

가족	나이(세)
할머니	71
아버지	48
어머니	43
지훈	12
지혜	8

유람선 이용료

구분	이용료(원)
어린이: 8세 이상 14세 미만	1500
청소년: 14세 이상 20세 미만	3000
어른: 20세 이상 65세 미만	5000

* 8세 미만과 65세 이상은 무료

답 ______

수의 범위④ 수의 범위와 수직선

수의 범위를 수직선에 나타내세요.

1 4 이상인 수

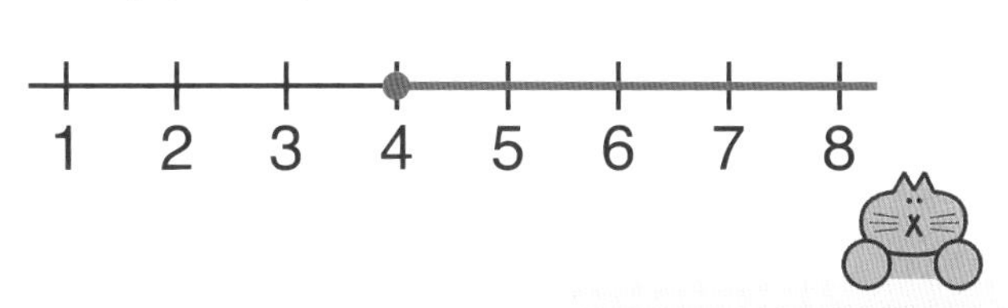

4를 포함하므로 점 ●을 이용하고 4보다 큰 방향으로 나타내야 해!

2 3 초과인 수

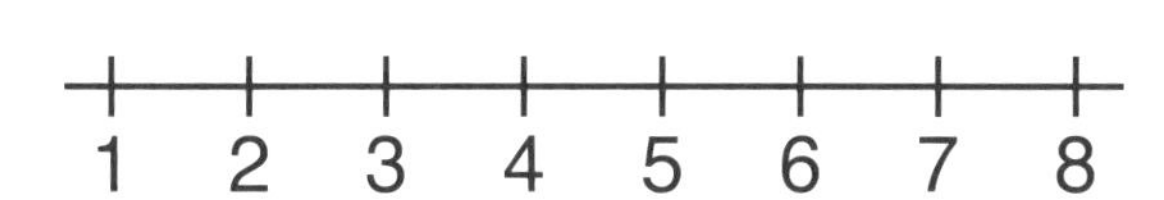

3 8 이하인 수

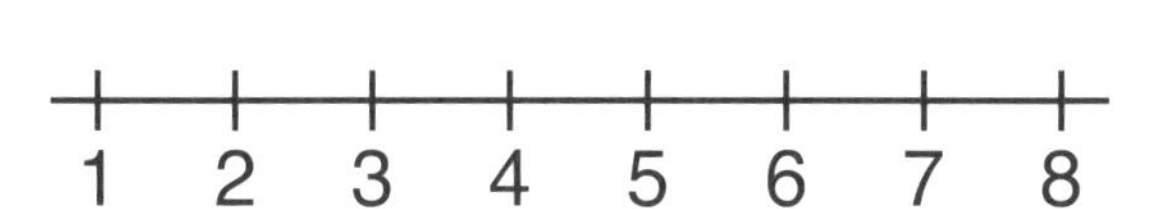

4 6 미만인 수

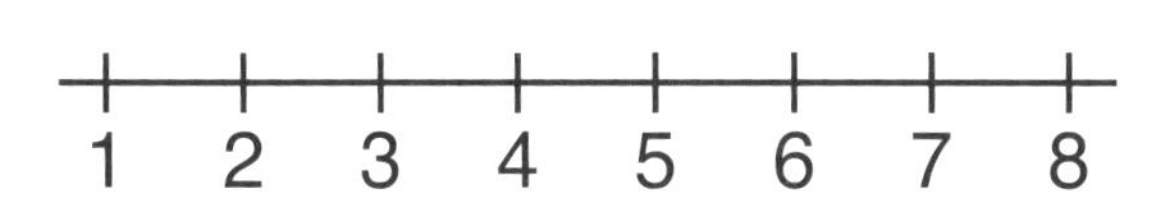

5 20 초과인 수

6 17 이하인 수

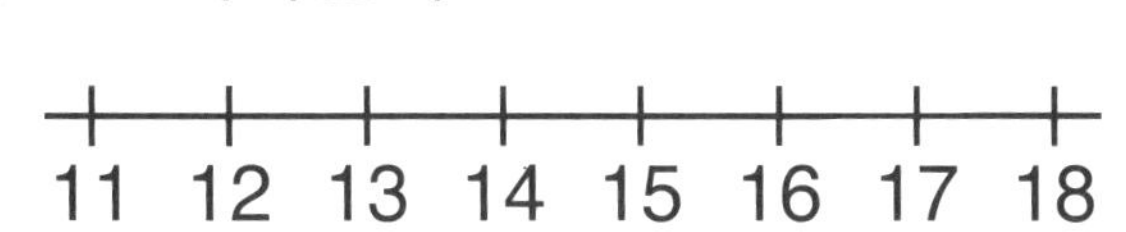

7 25 이상 30 이하인 수

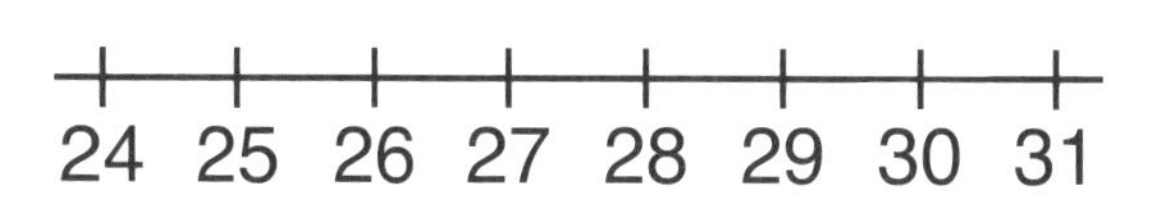

8 39 초과 43 미만인 수

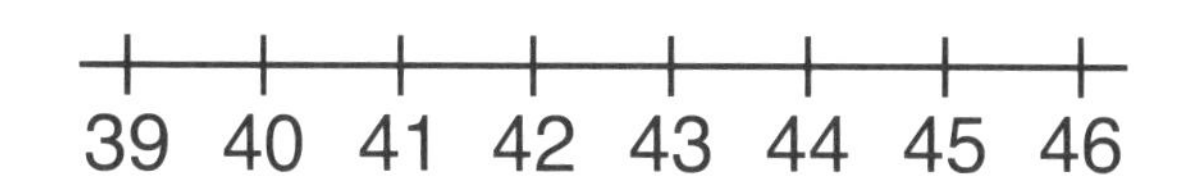

9 15 이상 17 미만인 수

10 57 초과 60 이하인 수

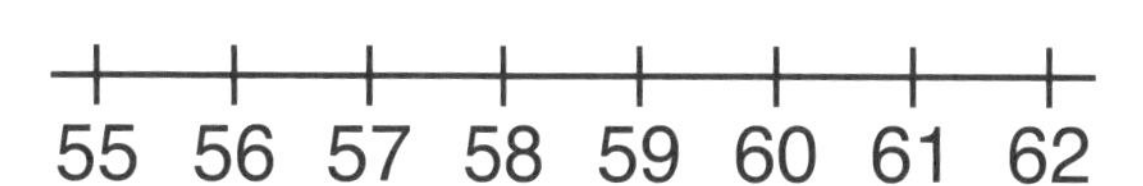

11 49 이상 54 미만인 수

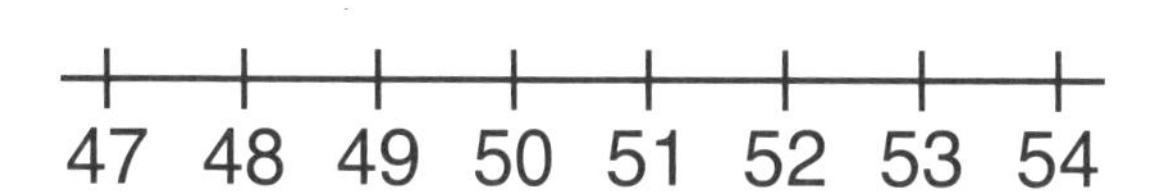

12 93 초과 99 이하인 수

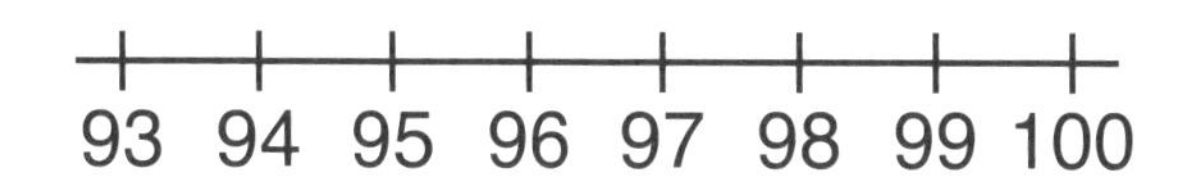

응용 up 수의 범위④

수의 범위를 수직선에 나타내어 그 범위에 포함되는 자연수를 모두 쓰세요.
(단, 조건이 2가지이면 두 범위에 공통으로 포함되는 자연수를 모두 씁니다.)

1 77 이상 80 이하인 수

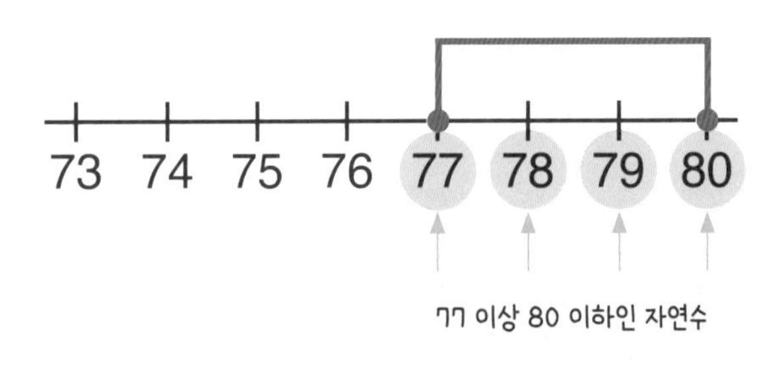

답 ____________

4 • 11 이상 14 이하인 수
• 10 초과 16 미만인 수

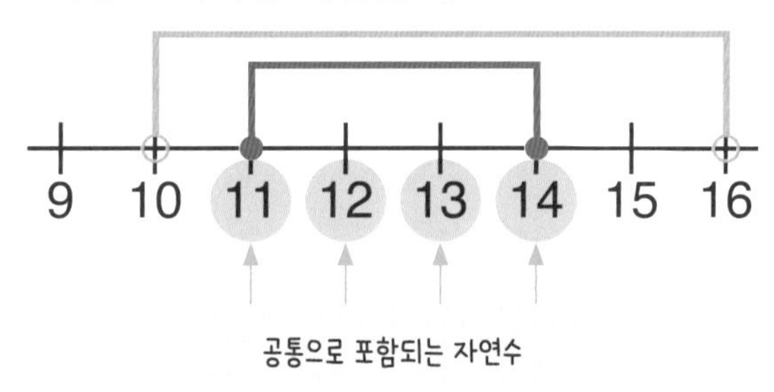

답 ____________

2 21 초과 27 미만인 수

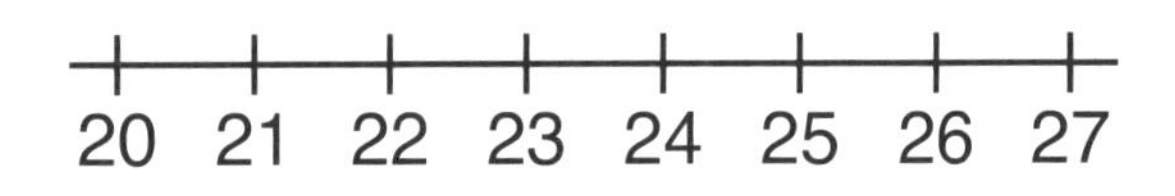

답 ____________

5 • 6 이상 10 미만인 수
• 7 초과 9 이하인 수

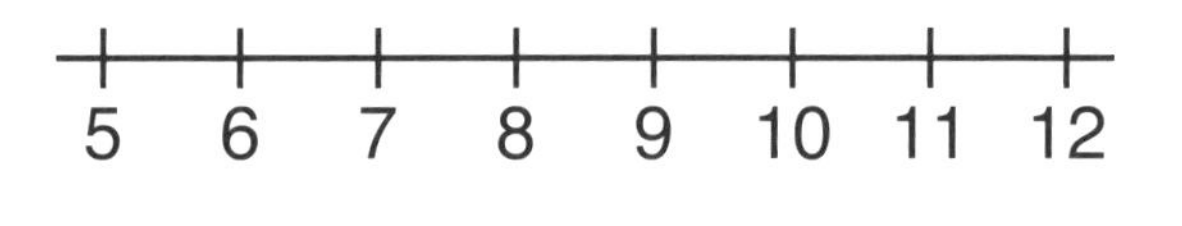

답 ____________

3 19 이상 22 미만인 수

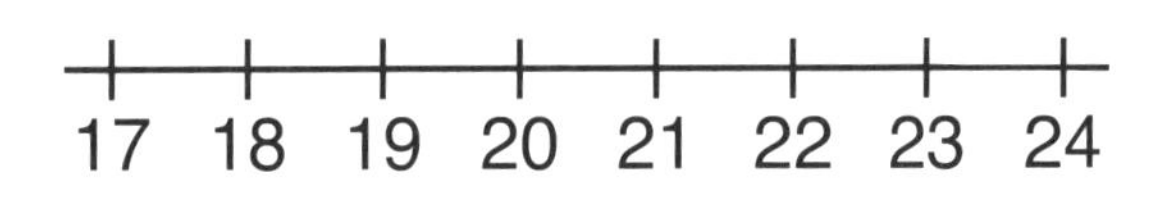

답 ____________

6 • 8 초과 12 미만인 수
• 10 이상 15 미만인 수

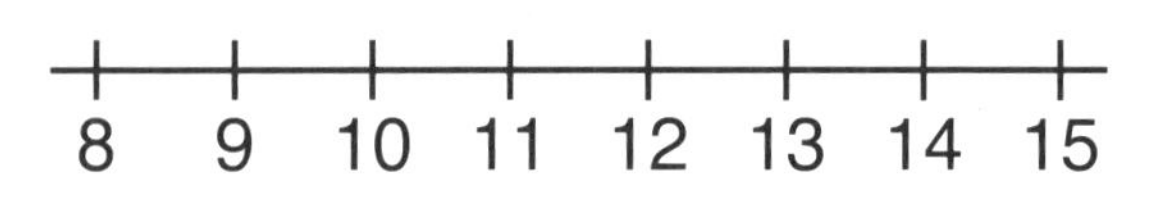

답 ____________

수 어림하기① 올림 연산

올림하여 주어진 자리까지 나타내세요.

1 235

➡ 십의 자리까지: 240
백의 자리까지: 300

(일의 자리 숫자) → 0
(십의 자리 숫자) + 1
(십, 일의 자리 숫자) → 0
(백의 자리 숫자) + 1

6 1692

➡ 십의 자리까지: 1700

십의 자리 숫자가 9일 때
올림하여 십의 자리까지 나타내면 1692 ➡ 1700
(십, 일의 자리 숫자) → 0
(백의 자리 숫자) + 1

➡ 백의 자리까지:

2 574

➡ 십의 자리까지:
백의 자리까지:

7 7080

➡ 백의 자리까지:
천의 자리까지:

3 120

➡ 십의 자리까지:
백의 자리까지:

8 4519

➡ 백의 자리까지:
천의 자리까지:

4 316

➡ 십의 자리까지:
백의 자리까지:

9 69893

➡ 십의 자리까지:
백의 자리까지:

5 807

➡ 십의 자리까지:
백의 자리까지:

10 26500

➡ 백의 자리까지:
천의 자리까지:

응용 up 수 어림하기①

1 수영이는 서점에서 15600원짜리 과학 소설책을 한 권 샀습니다. 1000원짜리 지폐로만 책값을 낸다면 최소 얼마를 내야 하는지 구하세요.

15600 ➡ 16000
올립니다.

답 16000원

2 호준이네 아버지는 135000원짜리 구두를 사려고 합니다. 만 원짜리 지폐로만 계산하려면 최소 얼마를 내야 하는지 구하세요.

답

3 장갑을 만드는 데 털실 604 g이 필요합니다. 털실을 100 g 단위로 판다면 털실을 최소 몇 g 사야 하는지 구하세요.

답

4 문방구에서 리본 끈을 10 m 단위로 판매한다고 합니다. 선물 포장을 하는 데 87 m의 리본 끈이 필요하다면 리본 끈을 최소 몇 m 사야 하는지 구하세요.

답

5 오렌지 780상자를 트럭에 모두 실으려고 합니다. 트럭 한 대에 100상자씩 실을 수 있을 때 트럭은 최소 몇 대가 필요한지 구하세요.

답

DAY 6

수 어림하기② 버림

연산

버림하여 주어진 자리까지 나타내세요.

1 184

➡ 십의 자리까지: 180 (일의 자리 숫자) → 0

백의 자리까지: 100 (십, 일의 자리 숫자) → 0

2 627

➡ 십의 자리까지:

백의 자리까지:

3 509

➡ 십의 자리까지:

백의 자리까지:

4 711

➡ 십의 자리까지:

백의 자리까지:

5 438

➡ 십의 자리까지:

백의 자리까지:

6 3000

➡ 십의 자리까지:

백의 자리까지:

7 8999

➡ 백의 자리까지:

천의 자리까지:

8 2740

➡ 백의 자리까지:

천의 자리까지:

9 52636

➡ 십의 자리까지:

백의 자리까지:

10 91500

➡ 천의 자리까지:

만의 자리까지:

응용 UP 수 어림하기②

1 동전을 모은 저금통을 열어서 세어 보니 모두 19320원이었습니다. 이것을 1000원짜리 지폐로 바꾸면 최대 얼마까지 바꿀 수 있는지 구하세요.

19320 ➡ 19000
버립니다.

답 19000원

2 색종이 520장을 한 묶음에 100장씩 묶으려고 합니다. 묶을 수 있는 색종이는 최대 몇 장인지 구하세요.

답 ______

3 고구마 441 kg을 캤습니다. 이 고구마를 한 상자에 10 kg씩 담아 포장하려고 합니다. 포장할 수 있는 고구마는 최대 몇 kg인지 구하세요.

답 ______

4 운동회 때 나누어 줄 상품 한 개를 포장하는 데 끈 100 cm가 필요합니다. 끈 780 cm로 상품을 최대 몇 개까지 포장할 수 있는지 구하세요.

답 ______

5 어느 미술관의 어린이 한 명의 입장료는 1000원입니다. 29500원으로 이 미술관에 입장할 수 있는 어린이는 최대 몇 명인지 구하세요.

답 ______

DAY 7

수 어림하기③ 반올림

연산

반올림하여 주어진 자리까지 나타내세요.

1 816

6이므로 올리기

➡ 십의 자리까지: 820

816

1이므로 버리기

➡ 백의 자리까지: 800

2 457

➡ 십의 자리까지:

백의 자리까지:

3 591

➡ 십의 자리까지:

백의 자리까지:

4 138

➡ 십의 자리까지:

백의 자리까지:

5 904

➡ 십의 자리까지:

백의 자리까지:

6 7263

➡ 십의 자리까지:

백의 자리까지:

7 2345

➡ 백의 자리까지:

천의 자리까지:

8 6980

➡ 십의 자리까지:

천의 자리까지:

9 95458

➡ 백의 자리까지:

천의 자리까지:

10 32207

➡ 십의 자리까지:

만의 자리까지:

응용 up 수 어림하기③

1 오늘 △△ 영화관에 입장한 관람객 수는 5890명입니다. 관람객 수를 반올림하여 천의 자리까지 나타내세요.

5890 ➡ 6000
└► 올립니다.

답 6000명

2 어느 도시의 인구는 672948명이라고 합니다. 이 도시의 인구를 반올림하여 만의 자리까지 나타내세요.

답 ____________

3 정환이가 가지고 있는 줄넘기의 길이는 247 cm입니다. 이 줄넘기의 길이를 반올림하여 십의 자리까지 나타내세요.

답 ____________

4 소미네 집에서 도서관까지의 거리는 2563 m입니다. 소미네 집에서 도서관까지의 거리를 반올림하여 천의 자리까지 나타내세요.

답 ____________

5 화단에 장미가 168송이, 나팔꽃이 150송이 피어 있습니다. 장미와 나팔꽃은 모두 몇 송이인지 반올림하여 백의 자리까지 나타내세요.

답 ____________

수 어림하기④ 소수 어림하기

연산

소수를 어림하여 주어진 자리까지 나타내세요.

1 4.15 → 올리기

➡ 올림하여 소수 첫째 자리까지: 4.2

2 5.984

➡ 올림하여 소수 둘째 자리까지:

3 0.7

➡ 올림하여 일의 자리까지:

4 3.94

➡ 버림하여 소수 첫째 자리까지:

5 6.027

➡ 버림하여 소수 둘째 자리까지:

6 4.99

➡ 버림하여 일의 자리까지:

7 1.734

➡ 반올림하여 소수 첫째 자리까지:

8 8.519

➡ 반올림하여 소수 둘째 자리까지:

9 2.573

➡ 반올림하여 일의 자리까지:

10 10.08

➡ 반올림하여 소수 첫째 자리까지:

11 0.461

➡ 반올림하여 소수 둘째 자리까지:

12 97.7

➡ 반올림하여 일의 자리까지:

DAY 8

응용 up 수 어림하기④

| 어림하기 전 수의 범위 구하는 문제 |

1 어떤 수를 버림하여 십의 자리까지 나타내었더니 680이 되었습니다. 어떤 수가 될 수 있는 수 중에서 가장 큰 수는 얼마인지 구하세요.

6	8		➡	6	8	0
백	십	일				

일의 자리인 □에 들어갈 수 있는 가장 큰 수는 9이므로 689

답 689

2 어떤 수를 버림하여 백의 자리까지 나타내었더니 3400이 되었습니다. 어떤 수가 될 수 있는 수 중에서 가장 큰 수는 얼마인지 구하세요.

답 ______

3 어떤 수를 올림하여 백의 자리까지 나타내었더니 7300이 되었습니다. 어떤 수가 될 수 있는 수 중에서 가장 작은 수는 얼마인지 구하세요.

답 ______

4 어떤 수를 반올림하여 십의 자리까지 나타내었더니 450이 되었습니다. 어떤 수가 될 수 있는 수의 범위를 이상과 미만을 이용하여 나타내세요.

답 ______

DAY 9

수 어림하기⑤ 올림, 버림, 반올림

연산 UP

올림, 버림, 반올림하여 주어진 자리까지 나타내세요.

1

수	올림	버림	반올림
	백의 자리까지		
193	200	100	200

6

수	올림	버림	반올림
	백의 자리까지		
3027			

2

수	올림	버림	반올림
	십의 자리까지		
584			

7

수	올림	버림	반올림
	천의 자리까지		
4651			

3

수	올림	버림	반올림
	백의 자리까지		
712			

8

수	올림	버림	반올림
	십의 자리까지		
9198			

4

수	올림	버림	반올림
	십의 자리까지		
4035			

9

수	올림	버림	반올림
	백의 자리까지		
87930			

5

수	올림	버림	반올림
	천의 자리까지		
6700			

10

수	올림	버림	반올림
	만의 자리까지		
20996			

응용 up 수 어림하기⑤

| 수 카드 문제 |

1 수 카드 4장을 한 번씩만 사용하여 가장 큰 네 자리 수를 만들고, 만든 네 자리 수를 반올림하여 백의 자리까지 나타내세요.

5 1 9 3

가장 큰 네 자리 수: 9531
반올림하여 백의 자리까지 나타내면 9500

답 9500

2 수 카드 4장을 한 번씩만 사용하여 가장 작은 네 자리 수를 만들고, 만든 네 자리 수를 반올림하여 십의 자리까지 나타내세요.

8 2 6 4

답 ______

3 수 카드 4장을 한 번씩만 사용하여 가장 큰 네 자리 수를 만들고, 만든 네 자리 수를 버림하여 백의 자리까지 나타내세요.

3 7 0 5

답 ______

4 수 카드 4장을 한 번씩만 사용하여 가장 작은 네 자리 수를 만들고, 만든 네 자리 수를 올림하여 십의 자리까지 나타내세요.

6 9 1 7

답 ______

5 수 카드 4장을 한 번씩만 사용하여 가장 큰 네 자리 수를 만들고, 만든 네 자리 수를 반올림하여 천의 자리까지 나타내세요.

4 0 8 2

답 ______

DAY 10

마무리 확인

연산평가 up

1 수의 범위에 포함되는 수에 모두 ○표 하세요.

(1) 26 초과인 수

20 29 14 25 17 33

(2) 41 이하인 수

40 58 46 41 53 42

(3) 75 이상인 수

75 60 71 54 77 68

(4) 39 미만인 수

39 30 52 40 65 27

(5) 11 이상 17 미만인 수

10 17 25 9 12.7
33 16.4 8 11 20

(6) 56 초과 63 이하인 수

74 56 60.5 81 68
51.9 45 58 54 63

2 수를 어림하여 주어진 자리까지 나타내세요.

(1)

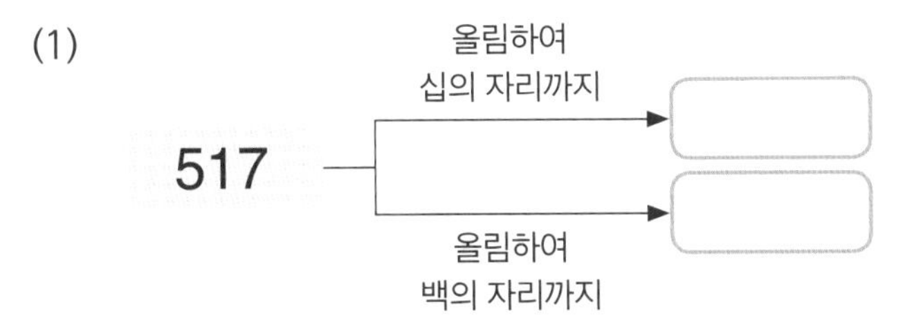

(2)

4598

반올림하여 십의 자리까지 → ☐

반올림하여 천의 자리까지 → ☐

(3)

수	올림	버림	반올림
	십의 자리까지		
276			

(4)

수	올림	버림	반올림
	백의 자리까지		
803			

(5)

수	올림	버림	반올림
	백의 자리까지		
6445			

(6)

수	올림	버림	반올림
	천의 자리까지		
1700			

마무리 확인

3 재호네 모둠 학생들이 키가 140 cm 이하인 사람만 탈 수 있는 놀이 기구를 타려고 줄을 서 있습니다. 이 놀이 기구를 탈 수 있는 학생의 이름을 모두 쓰세요.

학생들의 키

이름	재호	지희	소라	도권	효정	태민
키(cm)	141.2	139.5	140.4	140	136	145

( )

4 공책 695권을 한 묶음에 100권씩 묶으려고 합니다. 묶을 수 있는 공책은 최대 몇 권인지 구하세요.

( )

5 배 328개를 상자에 모두 담으려고 합니다. 한 상자에 10개씩 담을 수 있을 때 상자는 최소 몇 개가 필요한지 구하세요.

( )

6 수 카드 4장을 한 번씩만 사용하여 가장 작은 네 자리 수를 만들고, 만든 네 자리 수를 반올림하여 백의 자리까지 나타내세요.

9 4 7 3

( )

7 어떤 수를 버림하여 십의 자리까지 나타내었더니 9990이 되었습니다. 어떤 수가 될 수 있는 수 중에서 가장 큰 수는 얼마인지 구하세요.

( )

02 분수의 곱셈

• 학습계열표 •

이전에 배온 내용

5-1 약분과 통분
- 약분하기
- 통분하기

5-1 분수의 덧셈과 뺄셈
- 분모가 다른 분수의 덧셈
- 분모가 다른 분수의 뺄셈

지금 배울 내용

5-2 분수의 곱셈
- (분수)×(자연수)
- (자연수)×(분수)
- (분수)×(분수)

앞으로 배울 내용

6-1 분수의 나눗셈
- (분수)÷(자연수)

• 학습기록표 •

학습 일차	학습 내용	날짜	맞은 개수	
			연산	응용
DAY 11	분수의 곱셈① (분수)×(자연수)	/	/14	/5
DAY 12	분수의 곱셈② (자연수)×(분수)	/	/14	/5
DAY 13	분수의 곱셈③ (진분수)×(진분수)	/	/14	/5
DAY 14	분수의 곱셈④ (진분수)×(진분수)	/	/14	/4
DAY 15	분수의 곱셈⑤ (대분수)×(대분수)	/	/13	/4
DAY 16	분수의 곱셈⑥ (대분수)×(대분수)	/	/14	/5
DAY 17	분수의 곱셈 종합①	/	/14	/3
DAY 18	분수의 곱셈 종합②	/	/14	/4
DAY 19	분수의 곱셈 종합③ 세 수의 곱셈	/	/12	/4
DAY 20	분수의 곱셈 종합④ 분수의 곱셈 크기 비교하기	/	/13	/6
DAY 21	분수의 곱셈 종합⑤ 시간을 분수로 나타내기	/	/10	/4
DAY 22	마무리 확인	/	/17	

책상에 붙여 놓고
매일매일 기록해요.

2. 분수의 곱셈

(분수)×(자연수), (자연수)×(분수)

계산 방법

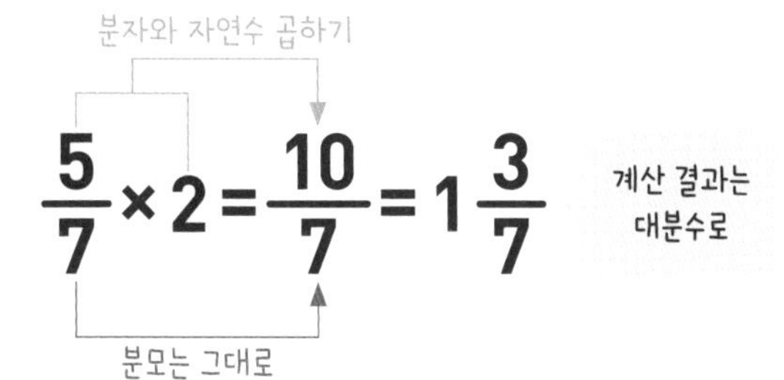

$$\frac{5}{7}\times 2=\frac{10}{7}=1\frac{3}{7}$$

계산 결과는 대분수로

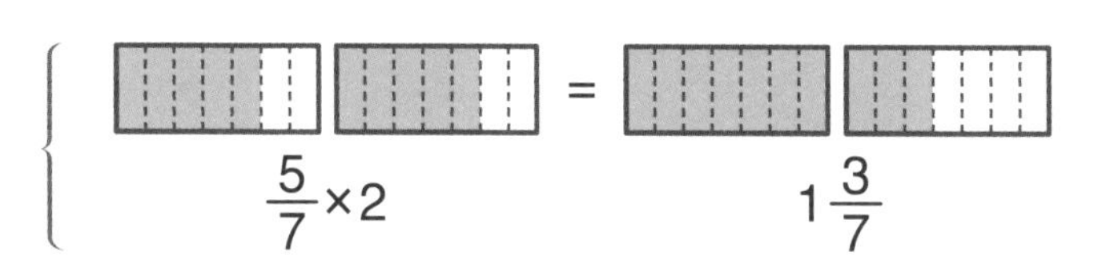

$$\overset{1}{\cancel{2}}\times\frac{5}{\underset{3}{\cancel{6}}}=\frac{5}{3}=1\frac{2}{3}$$

약분하기

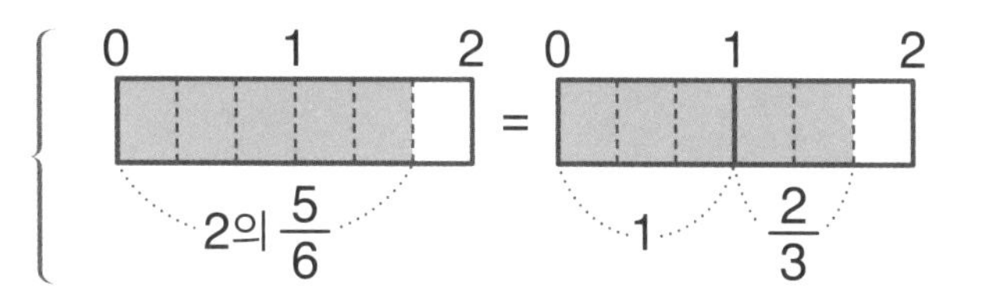

대분수는 가분수로

$$1\frac{5}{6}\times 2=\frac{11}{\underset{3}{\cancel{6}}}\times\overset{1}{\cancel{2}}=\frac{11}{3}=3\frac{2}{3}$$

대분수는 가분수로

$$2\times 1\frac{5}{6}=\overset{1}{\cancel{2}}\times\frac{11}{\underset{3}{\cancel{6}}}=\frac{11}{3}=3\frac{2}{3}$$

(분수) × (자연수), (자연수) × (분수)의 계산은
분모는 그대로 두고 분수의 (분자)와 (자연수)를 곱하여 계산해요.
이때 대분수는 가분수로 바꾸고, 분수의 (분모)와 (자연수)가 약분되면
약분을 먼저 하고 계산해요.

(분수)×(분수)

계산 방법

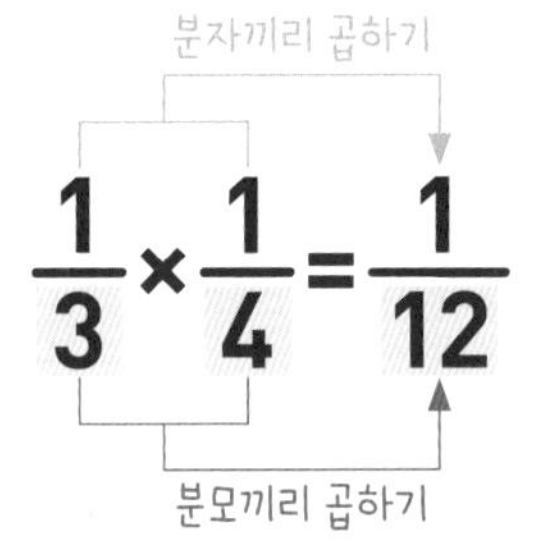

$$\frac{1}{3}\times\frac{1}{4}=\frac{1}{12}$$

$$\frac{1}{\not{3}_1}\times\frac{\not{3}^1}{4}=\frac{1}{4}$$

약분하기

대분수는 가분수로

$$1\frac{1}{3}\times1\frac{3}{4}=\frac{\not{4}^1}{3}\times\frac{7}{\not{4}_1}=\frac{7}{3}=2\frac{1}{3}$$

대분수는 가분수로

계산 결과는 대분수로

원리 이해

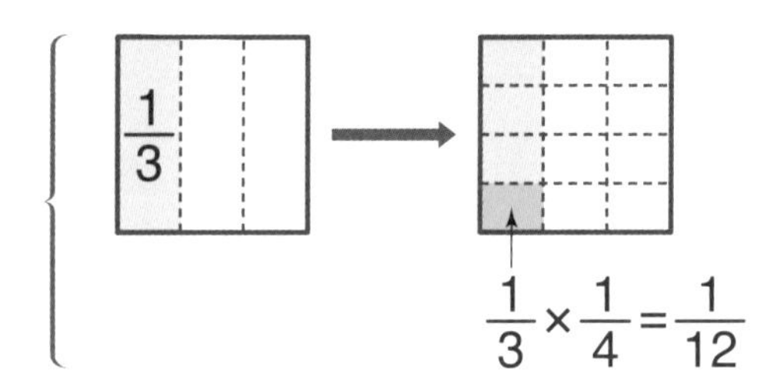

$\frac{1}{3}\times\frac{1}{4}=\frac{1}{12}$

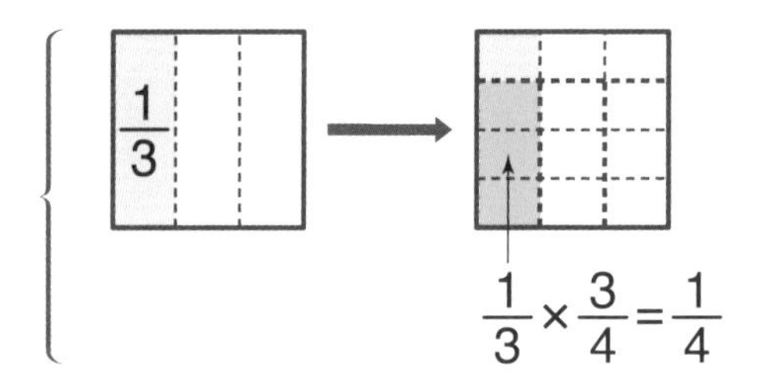

$\frac{1}{3}\times\frac{3}{4}=\frac{1}{4}$

$1\frac{1}{3}\times1\frac{3}{4}$ = $1\frac{1}{3}\times1\frac{3}{4}=2\frac{1}{3}$

(분수)×(분수)의 계산은 분자는 분자끼리, 분모는 분모끼리 곱해요.
이때 대분수는 가분수로 바꾸고, 분모와 분자가 약분되면
약분을 먼저 하고 계산해요.

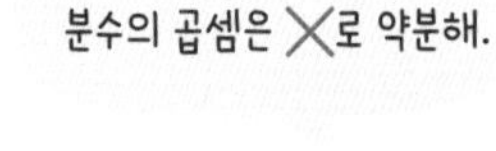

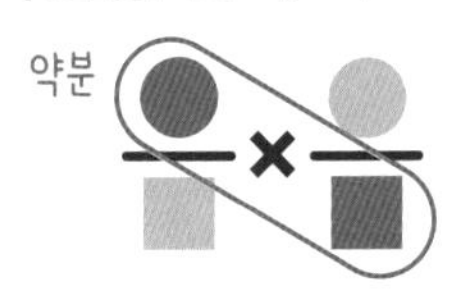

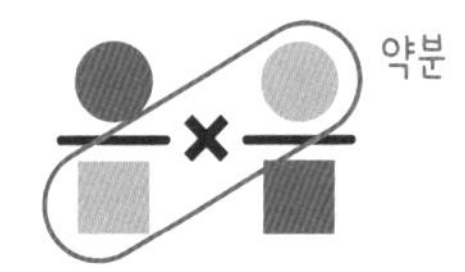

분수의 곱셈 ① (분수)×(자연수)

연산

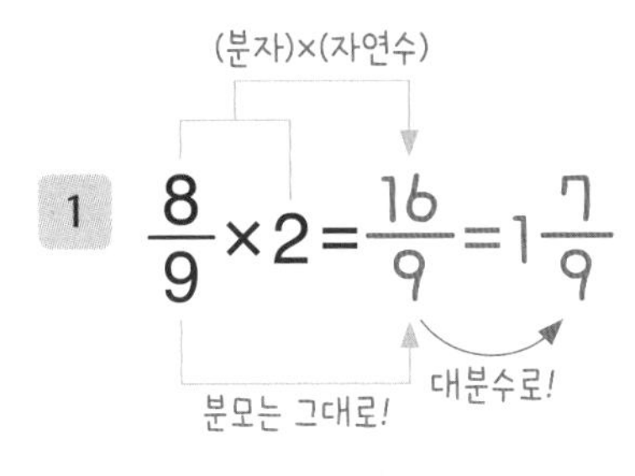

1. $\frac{8}{9}\times2=\frac{16}{9}=1\frac{7}{9}$

8. 대분수는 가분수로 고치기
$1\frac{1}{2}\times8=\frac{3}{\cancel{2}_{1}}\times\cancel{8}^{4}=12$

2. $\frac{1}{\cancel{10}_{5}}\times\cancel{6}^{3}=$

약분을 먼저!

9. $1\frac{1}{7}\times6=$

3. $\frac{3}{8}\times12=$

10. $1\frac{2}{9}\times11=$

4. $\frac{7}{30}\times5=$

11. $3\frac{1}{3}\times3=$

5. $\frac{4}{5}\times3=$

12. $1\frac{5}{18}\times9=$

6. $\frac{19}{22}\times10=$

13. $1\frac{5}{6}\times4=$

7. $\frac{7}{8}\times9=$

14. $2\frac{7}{12}\times15=$

응용 up 분수의 곱셈①

1 주스가 $\frac{1}{4}$ L씩 들어 있는 컵이 5개 있습니다. 주스는 모두 몇 L인지 구하세요.

식

답 ______

2 콩이 $1\frac{1}{6}$ kg씩 들어 있는 통이 3개 있습니다. 콩은 모두 몇 kg인지 구하세요.

식

답 ______

3 길이가 $2\frac{7}{10}$ m인 철사가 8개 있습니다. 철사는 모두 몇 m인지 구하세요.

식

답 ______

4 한 명이 케이크 한 판의 $\frac{4}{9}$씩 먹으려고 합니다. 36명이 먹으려면 케이크는 모두 몇 판이 필요한지 구하세요.

식

답 ______

5 미술 시간에 학생 한 명에게 찰흙을 $\frac{11}{14}$ kg씩 나누어 주려고 합니다. 7명에게 나누어 주려면 찰흙은 모두 몇 kg이 필요한지 구하세요.

식

답 ______

DAY 12

분수의 곱셈② (자연수)×(분수)

연산 up

1

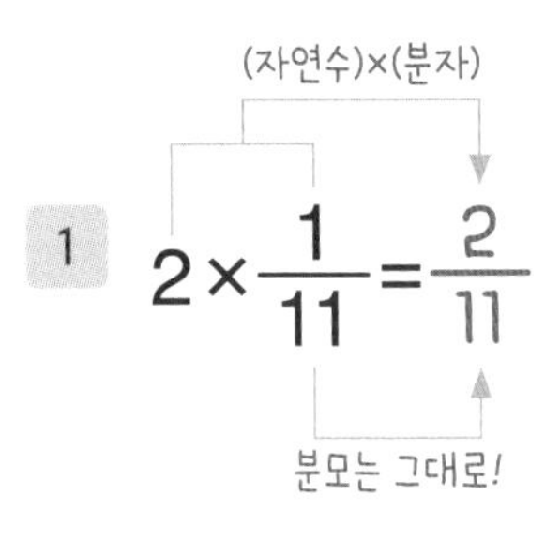

8 $7\times1\frac{1}{14}=\cancel{7}^{1}\times\frac{15}{\cancel{14}_{2}}=\frac{15}{2}=7\frac{1}{2}$

대분수는 가분수로 고치기

대분수로!

2 $8\times\frac{3}{4}=$

3 $5\times\frac{4}{9}=$

4 $7\times\frac{7}{10}=$

5 $9\times\frac{2}{3}=$

6 $10\times\frac{2}{15}=$

7 $13\times\frac{5}{8}=$

9 $16\times2\frac{3}{10}=$

10 $2\times1\frac{5}{6}=$

11 $11\times1\frac{1}{22}=$

12 $10\times1\frac{5}{36}=$

13 $6\times3\frac{3}{5}=$

14 $30\times1\frac{2}{9}=$

응용 up 분수의 곱셈②

1 길이가 6 m인 색 테이프의 $\frac{1}{4}$을 사용했습니다. 사용한 색 테이프는 몇 m인지 구하세요.

식

답 ______

2 색종이 25장이 있습니다. 이 중 $\frac{3}{5}$을 사용했습니다. 사용한 색종이는 몇 장인지 구하세요.

식

답 ______

3 문방구에 지우개 320개가 있습니다. 이 중 $\frac{5}{8}$를 팔았습니다. 판 지우개는 몇 개인지 구하세요.

식

답 ______

4 꽃밭의 넓이가 400 m^2입니다. 그중 $\frac{7}{12}$만큼에 목련 나무를 심었습니다. 목련 나무를 심은 부분의 넓이는 몇 m^2인지 구하세요.

식

답 ______

5 민지네 집에서 할머니 댁까지의 거리는 14 km입니다. 민지가 할머니 댁까지 가는데 전체 거리의 $\frac{5}{6}$만큼 버스를 타고 갔습니다. 버스를 타고 간 거리는 몇 km인지 구하세요.

식

답 ______

분수의 곱셈 ③ (진분수)×(진분수)

연산 UP

1 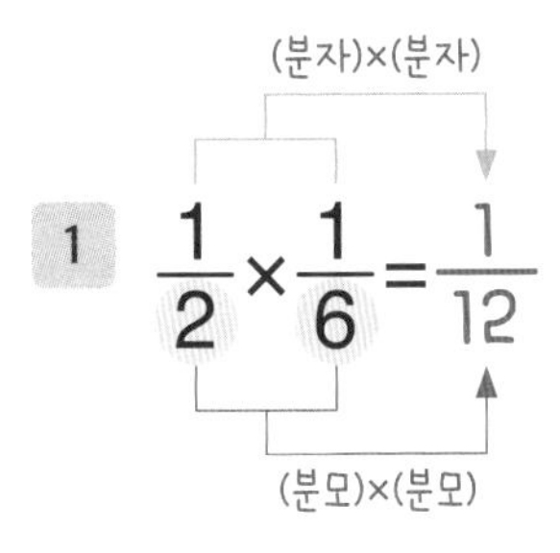

2 $\frac{1}{10}\times\frac{1}{3}=$

3 $\frac{1}{5}\times\frac{1}{5}=$

4 $\frac{1}{9}\times\frac{1}{8}=$

5 $\frac{1}{6}\times\frac{1}{10}=$

6 $\frac{1}{15}\times\frac{1}{2}=$

7 $\frac{1}{3}\times\frac{1}{9}=$

8 $\frac{3}{\cancel{4}_{2}}\times\frac{\cancel{2}^{1}}{5}=\frac{3}{10}$

약분을 먼저!

9 $\frac{2}{9}\times\frac{4}{7}=$

10 $\frac{8}{15}\times\frac{7}{12}=$

11 $\frac{5}{6}\times\frac{4}{25}=$

12 $\frac{9}{14}\times\frac{2}{3}=$

13 $\frac{8}{9}\times\frac{3}{35}=$

14 $\frac{1}{4}\times\frac{9}{16}=$

응용 up 분수의 곱셈③

1 물탱크의 물을 어제는 전체의 $\frac{1}{2}$만큼 사용했고, 오늘은 어제 사용한 양의 $\frac{3}{5}$만큼 사용했습니다. 오늘 사용한 양은 전체의 얼마인지 구하세요.

식

답 ____________

2 승희네 반 학생의 $\frac{5}{8}$는 여학생이고, 여학생 중 $\frac{2}{7}$는 수학을 좋아합니다. 승희네 반에서 수학을 좋아하는 여학생은 전체의 얼마인지 구하세요.

식

답 ____________

3 리본 끈 $\frac{9}{10}$ m의 $\frac{5}{6}$를 사용하여 선물을 포장했습니다. 선물을 포장하는 데 사용한 리본 끈은 몇 m인지 구하세요.

식

답 ____________

4 진혁이는 미술 시간에 찰흙 $\frac{13}{20}$ kg의 $\frac{4}{5}$를 사용했습니다. 미술 시간에 사용한 찰흙은 몇 kg인지 구하세요.

식

답 ____________

5 땅에 닿으면 떨어진 높이의 $\frac{1}{3}$만큼 튀어 오르는 공이 있습니다. 이 공을 $\frac{9}{14}$ m 높이에서 떨어뜨렸을 때, 공이 땅에 한 번 닿았다가 튀어 올랐을 때의 높이는 몇 m인지 구하세요.

식

답 ____________

DAY 14

분수의 곱셈 ④ (진분수)×(진분수)

연산 up

1 $\frac{2}{9}\times\frac{5}{12}=$

2 $\frac{7}{8}\times\frac{1}{6}=$

3 $\frac{5}{14}\times\frac{4}{15}=$

4 $\frac{1}{2}\times\frac{9}{10}=$

5 $\frac{5}{18}\times\frac{2}{7}=$

6 $\frac{9}{20}\times\frac{5}{21}=$

7 $\frac{7}{16}\times\frac{1}{3}=$

8 $\frac{21}{32}\times\frac{6}{7}=$

9 $\frac{3}{4}\times\frac{2}{23}=$

10 $\frac{4}{5}\times\frac{4}{5}=$

11 $\frac{2}{3}\times\frac{8}{9}=$

12 $\frac{11}{13}\times\frac{10}{11}=$

13 $\frac{17}{21}\times\frac{2}{5}=$

14 $\frac{4}{7}\times\frac{49}{100}=$

응용 up 분수의 곱셈④

| 남은 부분의 양 구하는 문제 |

1 냉장고에 있던 우유 $\frac{10}{11}$ L의 $\frac{1}{5}$을 마셨습니다. 남은 우유는 몇 L인지 구하세요.

➡ 마신 부분: $\frac{1}{5}$

남은 부분: $1-\frac{1}{5}=\frac{4}{5}$

(남은 우유의 양) $=\frac{\overset{2}{\cancel{10}}}{11}\times\frac{4}{\underset{1}{\cancel{5}}}=\frac{8}{11}$ (L)

답 $\frac{8}{11}$ L

2 밀가루 $\frac{3}{8}$ kg의 $\frac{4}{7}$를 사용했습니다. 남은 밀가루는 몇 kg인지 구하세요.

답 ______

3 호영이는 둘레가 $\frac{8}{9}$ km인 호수를 한 바퀴 돌려고 합니다. 지금까지 한 바퀴의 $\frac{1}{4}$만큼 걸었다면 남은 거리는 몇 km인지 구하세요.

답 ______

4 벽 전체의 $\frac{5}{6}$에는 노란색을 칠하고, 나머지의 $\frac{2}{3}$에는 보라색을 칠했습니다. 보라색을 칠한 부분은 전체의 얼마인지 구하세요.

답 ______

분수의 곱셈 ⑤ (대분수)×(대분수)

연산

1 $1\frac{1}{5}\times2\frac{2}{9}\overset{❶}{=}\frac{\cancel{6}^{2}}{\cancel{5}_{1}}\times\frac{\cancel{20}^{4}}{\cancel{9}_{3}}\overset{❸}{=}\frac{8}{3}\overset{❹}{=}2\frac{2}{3}$

❷

대분수의 곱셈 순서를 알아보자!

❶ 대분수를 가분수로 바꾸기
❷ 약분하기
❸ 분자는 분자끼리, 분모는 분모끼리 곱하기
❹ 계산 결과가 가분수이면 대분수로 나타내기

2 $1\frac{2}{3}\times1\frac{5}{7}=$

3 $2\frac{7}{10}\times2\frac{1}{6}=$

4 $2\frac{3}{4}\times4\frac{3}{8}=$

5 $3\frac{5}{13}\times3\frac{6}{11}=$

6 $4\frac{1}{2}\times1\frac{3}{10}=$

7 $1\frac{2}{11}\times1\frac{1}{6}=$

8 $2\frac{4}{5}\times2\frac{5}{8}=$

9 $4\frac{2}{7}\times1\frac{7}{15}=$

10 $1\frac{1}{9}\times3\frac{3}{4}=$

11 $3\frac{2}{3}\times2\frac{10}{13}=$

12 $9\frac{1}{2}\times1\frac{8}{19}=$

13 $1\frac{1}{14}\times2\frac{4}{5}=$

응용 up 분수의 곱셈⑤

1 물통에 뜨거운 물이 $2\frac{1}{4}$ L 들어 있습니다. 이 물통에 뜨거운 물의 양의 $1\frac{2}{3}$배만큼 차가운 물을 부었습니다. 차가운 물을 몇 L 부었는지 구하세요.

식

답 ______________

2 자루에 쌀이 $3\frac{5}{6}$ kg 들어 있고, 현미는 쌀의 $1\frac{5}{7}$배만큼 들어 있습니다. 자루에 들어 있는 현미는 몇 kg인지 구하세요.

식

답 ______________

3 주은이 방에 있는 책상의 높이는 $60\frac{2}{3}$ cm이고, 책장의 높이는 책상 높이의 $1\frac{1}{2}$배입니다. 책장의 높이는 몇 cm인지 구하세요.

식

답 ______________

4 성진이네 강아지의 무게는 $5\frac{1}{7}$ kg이고, 성진이의 몸무게는 강아지 무게의 $6\frac{3}{4}$배입니다. 성진이의 몸무게는 몇 kg인지 구하세요.

식

답 ______________

분수의 곱셈 ⑥ (대분수)×(대분수) 연산

1. $1\frac{2}{7}\times2\frac{1}{6}=$

2. $2\frac{1}{2}\times1\frac{1}{3}=$

3. $1\frac{7}{8}\times1\frac{1}{5}=$

4. $1\frac{1}{6}\times3\frac{1}{2}=$

5. $2\frac{1}{9}\times1\frac{5}{19}=$

6. $1\frac{1}{12}\times2\frac{1}{10}=$

7. $8\frac{2}{3}\times2\frac{3}{4}=$

8. $4\frac{1}{2}\times1\frac{1}{2}=$

9. $1\frac{4}{5}\times1\frac{5}{14}=$

10. $2\frac{5}{6}\times2\frac{2}{3}=$

11. $3\frac{3}{4}\times3\frac{1}{5}=$

12. $1\frac{1}{9}\times1\frac{5}{8}=$

13. $3\frac{1}{13}\times1\frac{7}{10}=$

14. $1\frac{9}{16}\times6\frac{2}{5}=$

응용 up 분수의 곱셈⑥

| 사각형의 넓이 구하는 문제 |

1 가로가 2 cm이고, 세로가 $1\frac{11}{12}$ cm인 직사각형의 넓이는 몇 cm^2인지 구하세요.

식 $2 \times 1\frac{11}{12} = 3\frac{5}{6}$

(가로) (세로)

답 $3\frac{5}{6}$ cm^2

2 한 변의 길이가 $1\frac{4}{7}$ cm인 정사각형의 넓이는 몇 cm^2인지 구하세요.

식

답 ______

3 밑변의 길이가 $4\frac{1}{3}$ cm이고, 높이가 $5\frac{2}{5}$ cm인 평행사변형의 넓이는 몇 cm^2인지 구하세요.

식

답 ______

4 한 변의 길이가 $10\frac{1}{4}$ m인 정사각형 모양의 땅의 넓이는 몇 m^2인지 구하세요.

식

답 ______

5 가로가 $60\frac{1}{2}$ m이고, 세로가 80 m인 직사각형 모양의 운동장의 넓이는 몇 m^2인지 구하세요.

식

답 ______

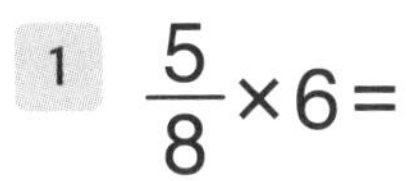

분수의 곱셈 종합 ①

연산 up

1. $\frac{5}{8}\times 6=$

2. $14\times 1\frac{3}{7}=$

3. $\frac{5}{32}\times 12=$

4. $\frac{3}{4}\times\frac{2}{3}=$

5. $\frac{7}{12}\times\frac{14}{25}=$

6. $5\frac{1}{3}\times 4\frac{1}{2}=$

7. $2\frac{4}{5}\times 1\frac{7}{16}=$

8. $3\times\frac{5}{12}=$

9. $2\frac{1}{6}\times 10=$

10. $9\times 1\frac{2}{15}=$

11. $\frac{4}{9}\times\frac{4}{7}=$

12. $2\frac{2}{11}\times 1\frac{1}{10}=$

13. $\frac{16}{27}\times\frac{15}{32}=$

14. $1\frac{4}{11}\times 1\frac{3}{20}=$

응용 up 분수의 곱셈 종합①

계산에서 잘못된 부분을 찾아 바르게 계산하세요.

1

$1\frac{1}{6}\times5=\frac{7}{6}\times5$

$=\frac{35}{30}=1\frac{5}{30}=1\frac{1}{6}$

바른 계산

$1\frac{1}{6}\times5=$

2

$\frac{\cancel{3}^{1}}{8}\times\frac{\cancel{12}^{4}}{13}=\frac{4}{104}=\frac{1}{26}$

바른 계산

$\frac{3}{8}\times\frac{12}{13}=$

3

$2\frac{2}{\cancel{9}_{3}}\times1\frac{\cancel{3}^{1}}{5}=\frac{8}{\cancel{3}_{1}}\times\frac{\cancel{6}^{2}}{5}$

$=\frac{16}{5}=3\frac{1}{5}$

바른 계산

$2\frac{2}{9}\times1\frac{3}{5}=$

DAY 18

분수의 곱셈 종합②

연산 up

1 $\frac{1}{9}\times\frac{1}{4}=$

2 $\frac{8}{11}\times1\frac{5}{6}=$

3 $\frac{5}{12}\times2\frac{3}{4}=$

4 $7\frac{1}{2}\times\frac{2}{5}=$

5 $4\frac{1}{6}\times\frac{9}{20}=$

6 $1\frac{1}{9}\times3\frac{3}{8}=$

7 $3\frac{1}{7}\times1\frac{10}{11}=$

8 $\frac{3}{10}\times\frac{6}{7}=$

9 $\frac{7}{8}\times\frac{5}{28}=$

10 $2\frac{1}{7}\times\frac{2}{3}=$

11 $1\frac{1}{14}\times\frac{28}{81}=$

12 $\frac{4}{15}\times3\frac{1}{8}=$

13 $\frac{8}{13}\times1\frac{5}{16}=$

14 $1\frac{7}{19}\times3\frac{5}{11}=$

응용 up 분수의 곱셈 종합②

DAY 18

| 1단위를 이용한 곱셈 문제 |

1 굵기가 일정한 철근 1 m의 무게가 10 kg입니다. 이 철근 $1\frac{4}{5}$ m는 몇 kg인지 구하세요.

자연수로 생각해 보면 쉬워!
철근 1 m의 무게: 10 kg
철근 2 m의 무게: (10 × 2) kg
철근 3 m의 무게: (10 × 3) kg

식

답 ____________

2 한 시간에 $2\frac{2}{3}$ km를 가는 사슴이 같은 빠르기로 $1\frac{1}{4}$시간 동안 갈 수 있는 거리는 몇 km인지 구하세요.

식

답 ____________

3 하루에 $\frac{5}{6}$분씩 일정하게 빨라지는 시계가 있습니다. 이 시계를 오늘 오전 10시에 정확하게 맞추었다면 7일 후 오전 10시에는 몇 분이 빨라져 있을지 구하세요.

식

답 ____________

4 1 L의 휘발유로 $6\frac{4}{9}$ km를 가는 자동차가 있습니다. 이 자동차에 휘발유 45 L가 들어 있다면 몇 km를 갈 수 있을지 구하세요.

식

답 ____________

DAY 19

분수의 곱셈 종합③ 세 수의 곱셈

연산

1 $\frac{\overset{1}{\cancel{6}}}{\underset{1}{\cancel{7}}}\times\frac{1}{5}\times\frac{\overset{1}{\cancel{7}}}{\underset{2}{\cancel{12}}}=\frac{1\times1\times1}{1\times5\times2}=\frac{1}{10}$

2 $\frac{1}{3}\times\frac{1}{2}\times\frac{1}{4}=$

3 $\frac{1}{5}\times\frac{5}{8}\times\frac{3}{10}=$

4 $\frac{4}{11}\times\frac{1}{2}\times\frac{11}{14}=$

5 $\frac{2}{3}\times\frac{5}{16}\times\frac{9}{20}=$

6 $\frac{10}{21}\times\frac{2}{5}\times\frac{7}{15}=$

7 $4\frac{2}{5}\times\frac{7}{8}\times5=$

8 $9\times\frac{2}{3}\times\frac{4}{5}=$

9 $\frac{1}{4}\times\frac{5}{6}\times1\frac{3}{7}=$

10 $\frac{11}{12}\times2\times\frac{9}{13}=$

11 $\frac{4}{17}\times1\frac{2}{25}\times\frac{5}{6}=$

12 $13\times1\frac{9}{26}\times\frac{1}{10}=$

응용 UP 분수의 곱셈 종합③

1 강우네 반 학생 28명 중 $\frac{4}{7}$는 남학생이고, 그중 $\frac{1}{4}$은 안경을 썼습니다. 강우네 반 학생 중 안경을 쓴 남학생은 몇 명인지 구하세요.

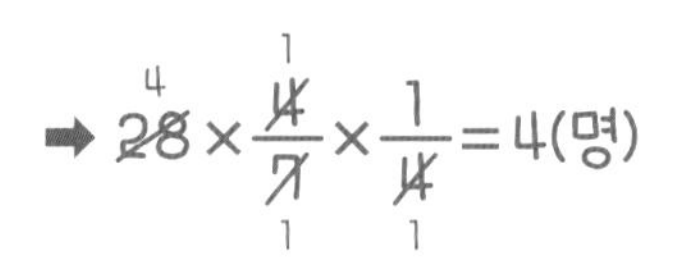

답 4명

2 지윤이네 반 학급 문고는 모두 200권입니다. 학급 문고의 $\frac{5}{8}$만큼이 철학 동화이고, 철학 동화의 $\frac{3}{5}$만큼을 지윤이가 읽었습니다. 지윤이가 읽은 철학 동화는 몇 권인지 구하세요.

답 ______

3 소희는 하루 24시간 중 $\frac{1}{6}$을 학교에서 생활을 하고, 그중 $\frac{3}{4}$은 공부를 합니다. 소희가 하루에 학교에서 공부를 하는 시간은 몇 시간인지 구하세요.

답 ______

4 선호는 색종이 50장 중 $\frac{4}{5}$를 어제 사용했고, 남은 색종이의 $\frac{1}{2}$을 오늘 사용했습니다. 선호가 오늘 사용한 색종이는 몇 장인지 구하세요.

답 ______

20 분수의 곱셈 종합 ④ 분수의 곱셈 크기 비교하기

연산 up

크기를 비교하여 ○ 안에 >, =, <를 알맞게 써넣으세요.

1 7 ○ $7\times\frac{5}{6}$

- 1을 곱하면 ➡ $7\times1=7$ ➡ 크기가 같아.
- 1보다 작은 수를 곱하면 ➡ $7\times\frac{1}{2}=\frac{7}{2}=3\frac{1}{2}$ ➡ 크기가 작아져.
- 1보다 큰 수를 곱하면 ➡ $7\times2=14$ ➡ 크기가 커져.

2 $\frac{2}{3}$ ○ $\frac{2}{3}\times5$

3 $\frac{1}{3}$ ○ $\frac{1}{3}\times\frac{1}{4}$

4 $\frac{4}{5}$ ○ $\frac{4}{5}\times\frac{2}{3}$

5 $\frac{1}{2}$ ○ $\frac{1}{2}\times1\frac{1}{6}$

6 $1\frac{1}{4}$ ○ $1\frac{1}{4}\times\frac{1}{5}$

7 $1\frac{1}{3}$ ○ $1\frac{1}{3}\times1\frac{1}{3}$

8 $4\times\frac{1}{3}$ ○ $4\times\frac{2}{3}$

9 $\frac{1}{2}\times6$ ○ $\frac{1}{2}\times8$

10 $\frac{2}{5}\times\frac{1}{3}$ ○ $\frac{2}{5}\times\frac{1}{4}$

11 $\frac{6}{7}\times\frac{4}{5}$ ○ $\frac{6}{7}\times\frac{3}{5}$

12 $1\frac{1}{5}\times\frac{7}{9}$ ○ $1\frac{1}{5}\times\frac{5}{9}$

13 $1\frac{2}{9}\times1\frac{1}{11}$ ○ $1\frac{2}{9}\times2\frac{5}{8}$

응용 up 분수의 곱셈 종합④

| 수 카드로 곱 구하는 문제 |

1 수 카드 중 2장을 사용하여 분수의 곱셈식을 만들려고 합니다. 계산 결과가 가장 작은 식을 만들고 계산하세요.

2 수 카드 중 2장을 사용하여 분수의 곱셈식을 만들려고 합니다. 계산 결과가 가장 작은 식을 만들고 계산하세요.

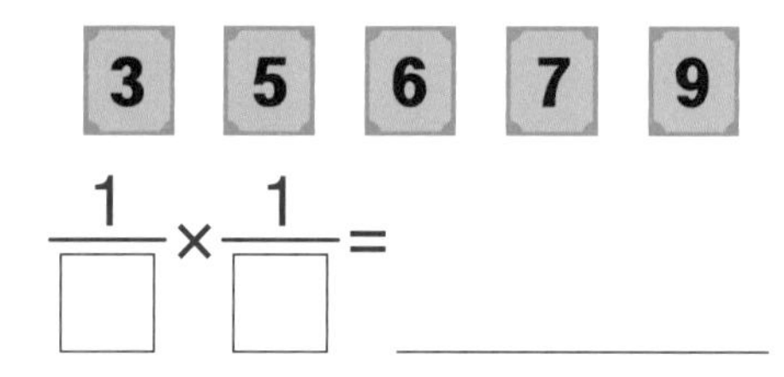

3 수 카드 중 2장을 사용하여 분수의 곱셈식을 만들려고 합니다. 계산 결과가 가장 큰 식을 만들고 계산하세요.

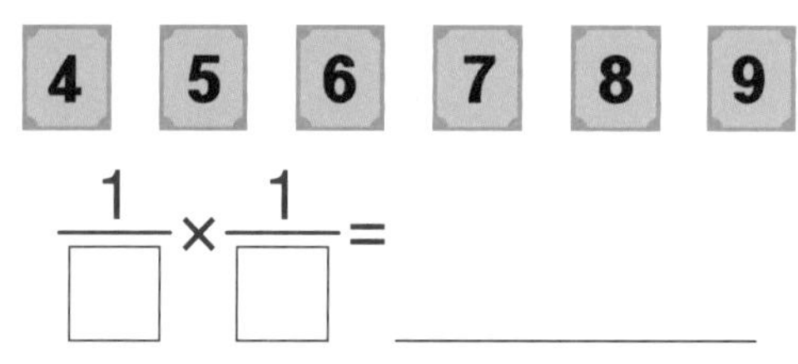

4 수 카드를 한 번씩만 사용하여 만들 수 있는 가장 큰 대분수와 가장 작은 대분수의 곱은 얼마인지 구하세요.

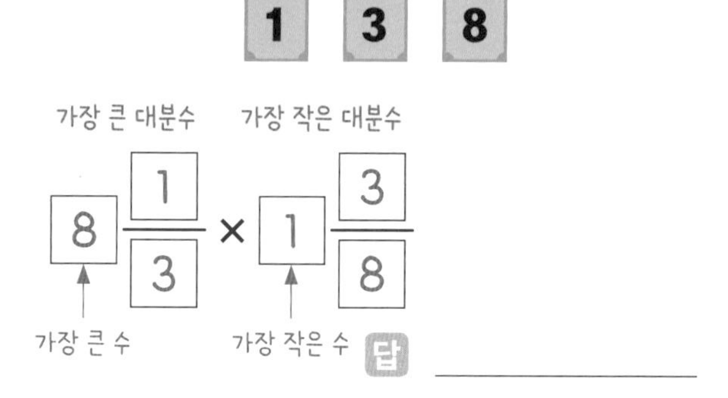

답 ____________

5 수 카드를 한 번씩만 사용하여 만들 수 있는 가장 큰 대분수와 가장 작은 대분수의 곱은 얼마인지 구하세요.

답 ____________

6 수 카드를 한 번씩만 사용하여 만들 수 있는 가장 큰 대분수와 가장 작은 대분수의 곱은 얼마인지 구하세요.

답 ____________

DAY 21

분수의 곱셈 종합⑤ 시간을 분수로 나타내기

시간을 분으로, 분을 시간으로 나타내세요.

1 $\frac{1}{2}$시간= 30 분

$\frac{1}{2} \times 60 = 30$

1시간=60분

6 20분= $\frac{1}{3}$ 시간

$20 \times \frac{1}{60} = \frac{20}{60} = \frac{1}{3}$

1분=$\frac{1}{60}$시간

2 $\frac{2}{3}$시간=☐분

3 $\frac{5}{6}$시간=☐분

4 $\frac{3}{10}$시간=☐분

5 $\frac{4}{15}$시간=☐분

7 36분=☐시간

8 25분=☐시간

9 32분=☐시간

10 58분=☐시간

응용 UP 분수의 곱셈 종합⑤

1 한 시간에 78 km를 가는 자동차가 있습니다. 이 자동차가 같은 빠르기로 1시간 40분 동안 간다면 몇 km를 갈 수 있는지 구하세요.

➡ 40분 $=\frac{40}{60}$시간 $=\frac{2}{3}$시간이므로

1시간 40분 $=1\frac{2}{3}$시간

→ $78\times1\frac{2}{3}=130$ (km)

답 130 km

2 남준이는 자전거를 타고 한 시간에 5 km를 달립니다. 같은 빠르기로 1시간 20분 동안 자전거를 타고 달렸다면 남준이가 달린 거리는 몇 km인지 구하세요.

답 ______

3 어느 수도꼭지에서 한 시간에 85 L씩 물이 일정한 양으로 나옵니다. 이 수도꼭지에서 2시간 15분 동안 나오는 물의 양은 몇 L인지 구하세요.

답 ______

4 혜지는 한 시간에 $3\frac{3}{4}$ km를 걷습니다. 같은 빠르기로 1시간 30분 동안 걸었다면 혜지가 걸은 거리는 몇 km인지 구하세요.

답 ______

DAY 22

마무리 확인

연산 평가 up

1 □ 안에 알맞은 수를 써넣으세요.

(1) $\frac{3}{4} \times 5 = \frac{\square}{4} = \square\frac{\square}{4}$

(2) $10 \times 1\frac{1}{6} = \overset{\square}{\cancel{10}} \times \frac{\square}{\underset{\square}{\cancel{6}}} = \square\frac{\square}{3}$

(3) $\frac{\overset{\square}{\cancel{7}}}{9} \times \frac{5}{\underset{\square}{\cancel{14}}} = \frac{\square}{\square}$

(4) $2\frac{2}{3} \times 1\frac{2}{7} = \frac{\square}{\underset{\square}{\cancel{3}}} \times \frac{\overset{\square}{\cancel{9}}}{7} = \square\frac{\square}{\square}$

2 계산하세요.

(1) $1\frac{1}{5} \times 4 =$

(2) $8 \times \frac{3}{10} =$

(3) $\frac{3}{8} \times \frac{2}{9} =$

(4) $\frac{1}{3} \times \frac{1}{2} =$

(5) $3\frac{5}{6} \times 2\frac{8}{11} =$

(6) $1\frac{5}{7} \times 1\frac{3}{4} =$

(7) $2\frac{10}{13} \times \frac{1}{12} =$

(8) $\frac{7}{8} \times 1\frac{5}{21} =$

마무리 확인

3 은채네 집에서 키우고 있는 고양이의 무게는 $3\frac{5}{9}$ kg이고, 강아지는 고양이의 무게의 $1\frac{4}{5}$배입니다. 강아지의 무게는 몇 kg인지 구하세요.

( )

4 지석이는 끈 $2\frac{4}{7}$ m의 $\frac{7}{8}$을 사용하여 리본을 만들었습니다. 리본을 만드는 데 사용한 끈의 길이는 몇 m인지 구하세요.

( )

5 굵기가 일정한 통나무 1 m의 무게가 3 kg입니다. 이 통나무 $4\frac{2}{15}$ m는 몇 kg인지 구하세요.

( )

6 수 카드를 한 번씩만 사용하여 만들 수 있는 가장 큰 대분수와 가장 작은 대분수의 곱은 얼마인지 구하세요.

8 3 2

( )

7 한 시간에 80 km를 가는 자동차가 있습니다. 이 자동차가 같은 빠르기로 2시간 10분 동안 간다면 몇 km를 갈 수 있는지 구하세요.

( )

03

합동과 대칭

• 학습계열표 •

이전에 배운 내용

4-1 평면도형의 이동
- 밀기
- 뒤집기
- 돌리기

▼

지금 배울 내용

5-2 합동과 대칭
- 도형의 합동
- 선대칭도형
- 점대칭도형

▼

앞으로 배울 내용

5-2 직육면체
- 직육면체, 정육면체
- 겨냥도, 전개도

6-1 각기둥과 각뿔
- 각기둥
- 각뿔

• 학습기록표 •

학습 일차	학습 내용	날짜	맞은 개수	
			연산	응용
DAY 23	도형의 합동①	/	/4	/12
DAY 24	도형의 합동② 합동인 도형의 성질	/	/8	/4
DAY 25	선대칭도형①	/	/8	/12
DAY 26	선대칭도형② 선대칭도형의 성질	/	/8	/3
DAY 27	점대칭도형①	/	/8	/12
DAY 28	점대칭도형② 점대칭도형의 성질	/	/8	/3
DAY 29	마무리 확인	/	/12	

책상에 붙여 놓고
매일매일 기록해요.

3. 합동과 대칭

합동

모양과 크기가 같아서 포개었을 때 완전히 겹치는 두 도형을 서로 합동이라고 합니다.

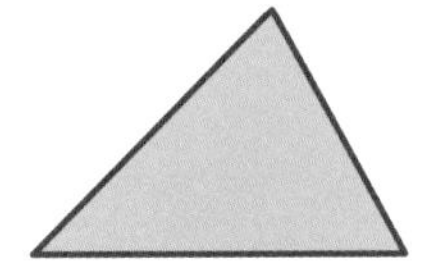
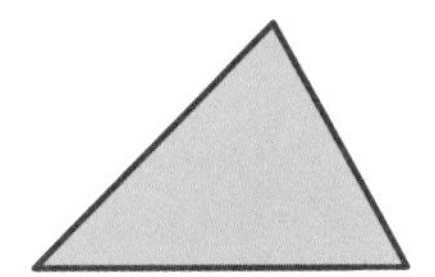

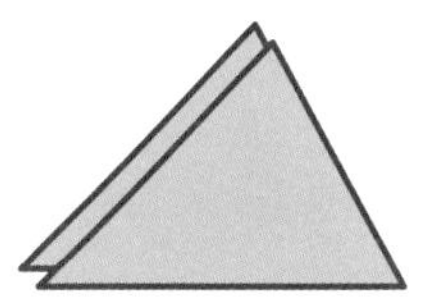

대응점, 대응변, 대응각

서로 합동인 두 도형을 포개었을 때
완전히 겹치는 점을 대응점, 겹치는 변을 대응변, 겹치는 각을 대응각이라고 합니다.

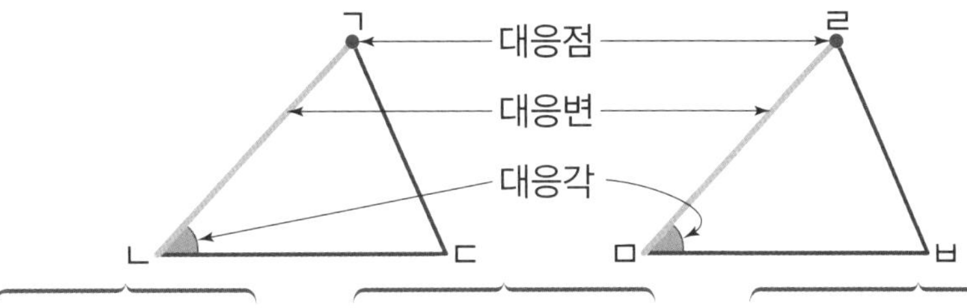

점 ㄱ의 대응점은 점 ㄹ
점 ㄴ의 대응점은 점 ㅁ
점 ㄷ의 대응점은 점 ㅂ

변 ㄱㄴ의 대응변은 변 ㄹㅁ
변 ㄴㄷ의 대응변은 변 ㅁㅂ
변 ㄷㄱ의 대응변은 변 ㅂㄹ

각 ㄱㄴㄷ의 대응각은 각 ㄹㅁㅂ
각 ㄴㄷㄱ의 대응각은 각 ㅁㅂㄹ
각 ㄷㄱㄴ의 대응각은 각 ㅂㄹㅁ

합동인 도형의 성질

서로 합동인 두 도형에서

- 각각의 대응변의 길이가 서로 같습니다.

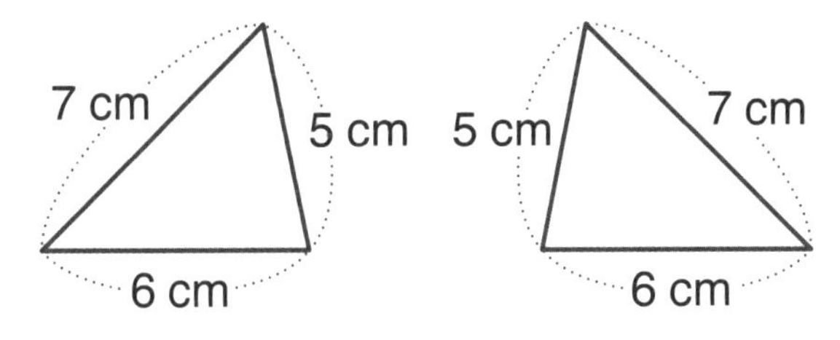

- 각각의 대응각의 크기가 서로 같습니다.

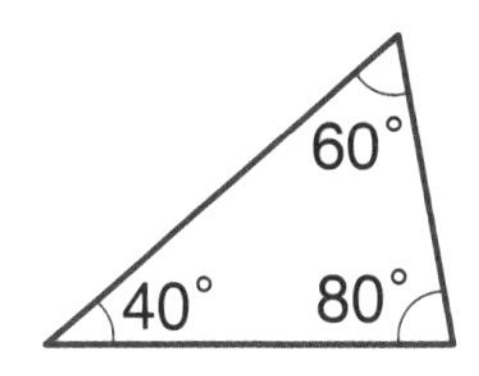

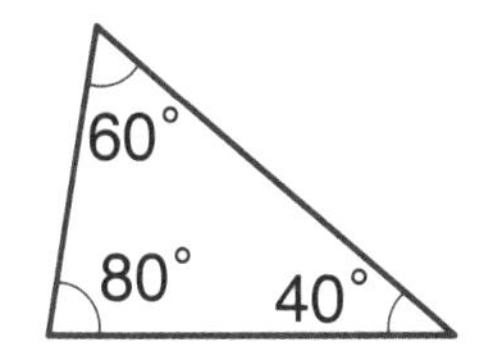

선대칭도형

한 직선을 따라 접었을 때 완전히 겹치는 도형을 선대칭도형이라고 합니다. 이때 그 직선을 대칭축이라고 합니다.

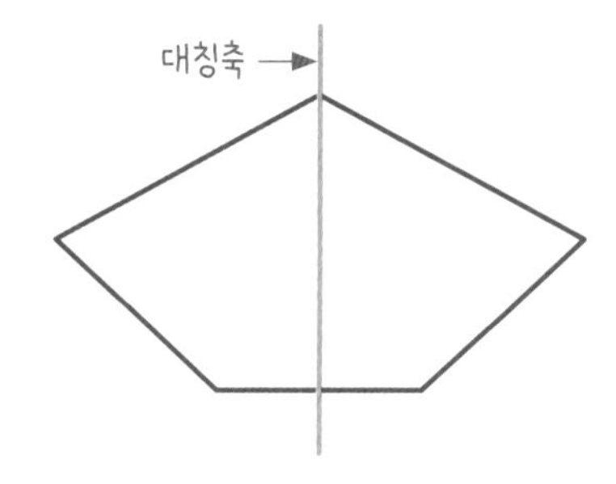

성질 선대칭도형의 성질

- 각각의 대응변의 길이가 서로 같습니다.
- 각각의 대응각의 크기가 서로 같습니다.

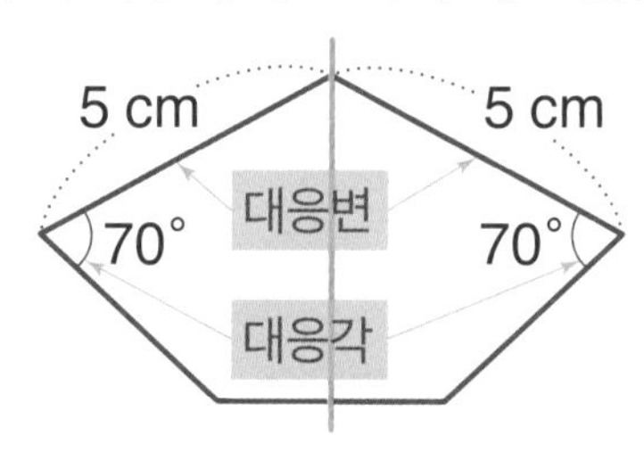

관계 대응점끼리 이은 선분과 대칭축 사이의 관계

- 대응점끼리 이은 선분은 대칭축과 수직으로 만납니다.
- 대칭축은 대응점끼리 이은 선분을 둘로 똑같이 나누므로 각각의 대응점에서 대칭축까지의 거리가 서로 같습니다.

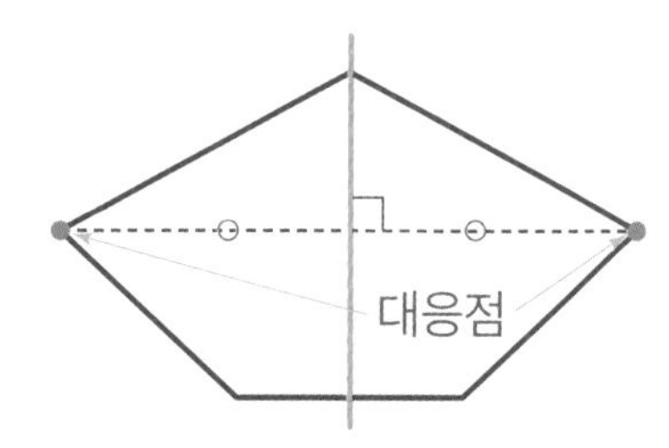

점대칭도형

한 도형을 어떤 점을 중심으로 180° 돌렸을 때 처음 도형과 완전히 겹치면 이 도형을 점대칭도형이라고 합니다. 이때 그 점을 대칭의 중심이라고 합니다.

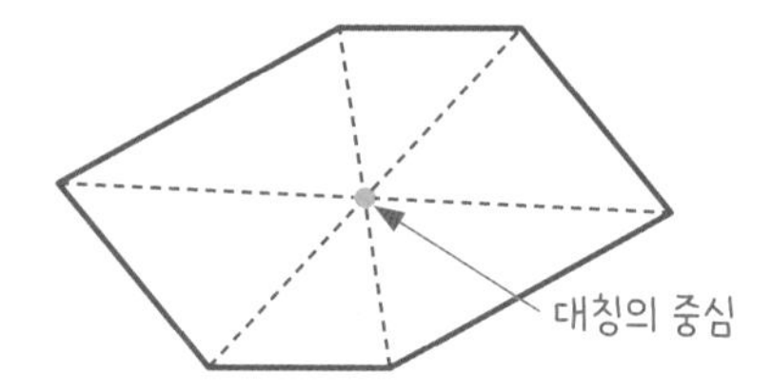

성질 점대칭도형의 성질

- 각각의 대응변의 길이가 서로 같습니다.
- 각각의 대응각의 크기가 서로 같습니다.

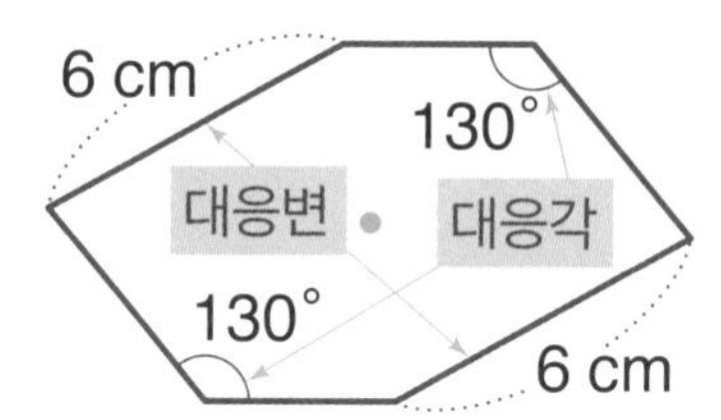

관계 대응점끼리 이은 선분과 대칭의 중심 사이의 관계

- 대칭의 중심은 대응점끼리 이은 선분을 둘로 똑같이 나누므로 각각의 대응점에서 대칭의 중심까지의 거리가 서로 같습니다.

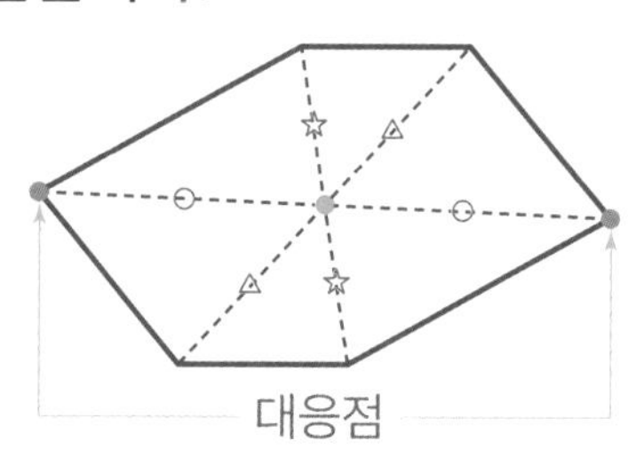

도형의 합동①

연산 up

왼쪽 도형과 서로 합동인 도형을 찾아 ○표 하세요.

1

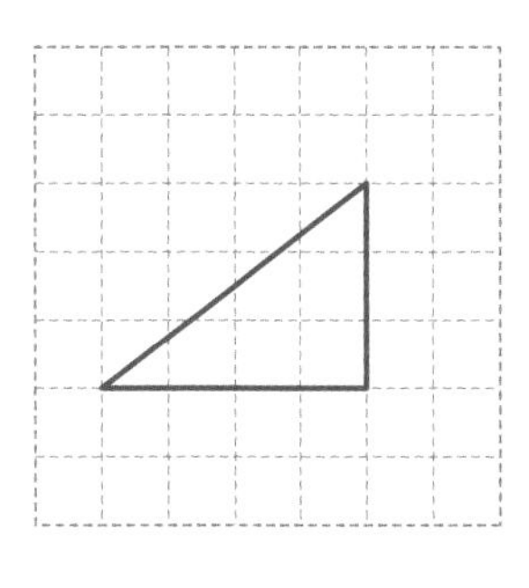

( ) ( ) ( ) ( )

2

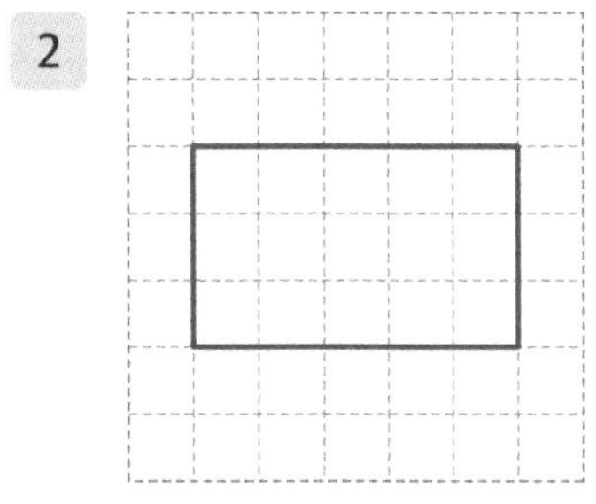

( ) ( ) ( ) ( )

3

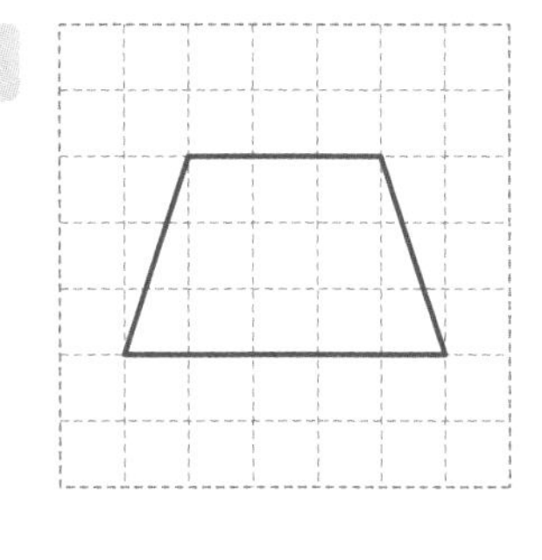

( ) ( ) ( ) ( )

4

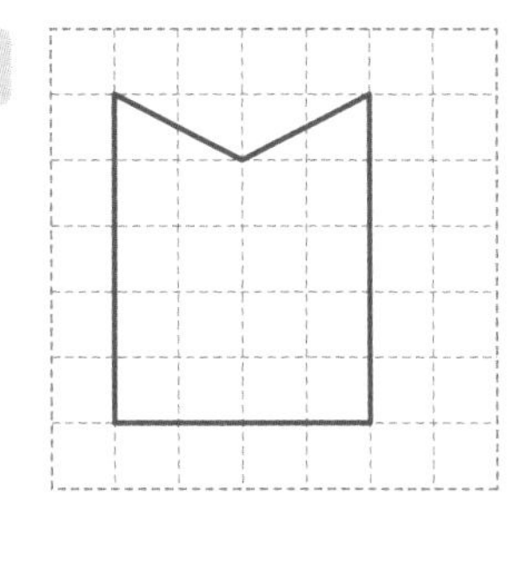

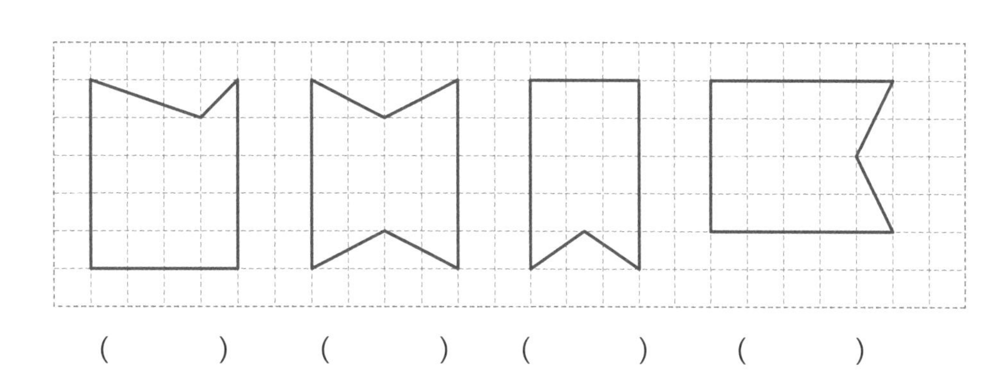

( ) ( ) ( ) ( )

응용 UP 도형의 합동①

바르게 설명한 것은 ○표, 잘못 설명한 것은 ×표 하세요.

1 두 사각형은 서로 합동입니다.

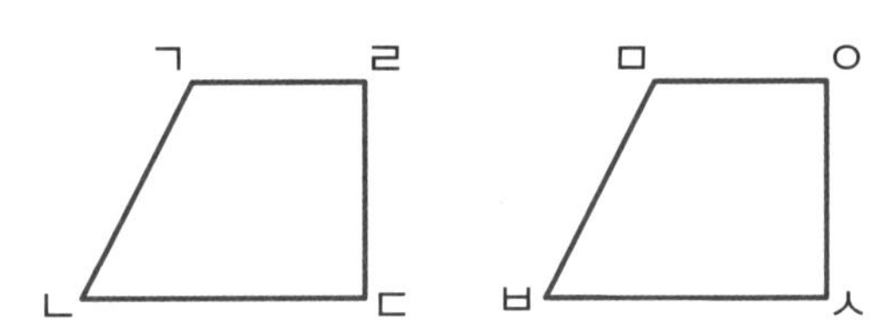

(1) 점 ㄴ의 대응점은 점 ㅂ입니다. ☐

(2) 변 ㄹㄷ의 대응변은 변 ㅁㅂ입니다. ☐

(3) 각 ㄴㄷㄹ의 대응각은 각 ㅂㅅㅇ입니다. ☐

두 사각형은 서로 합동입니다.

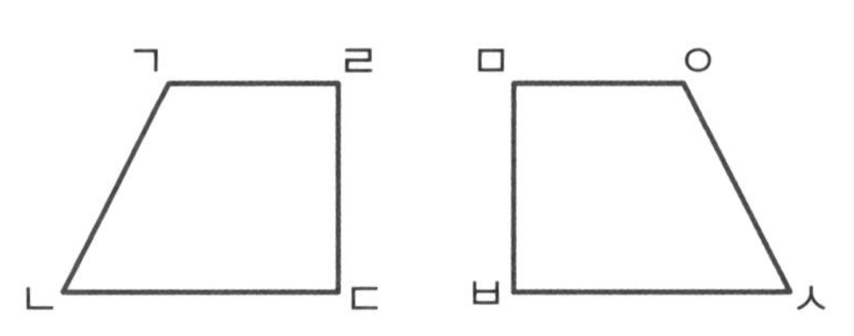

(4) 점 ㄴ의 대응점은 점 ㅂ입니다. ☐

(5) 변 ㄹㄷ의 대응변은 변 ㅁㅂ입니다. ☐

(6) 각 ㄴㄷㄹ의 대응각은 각 ㅂㅅㅇ입니다. ☐

2 두 삼각형은 서로 합동입니다.

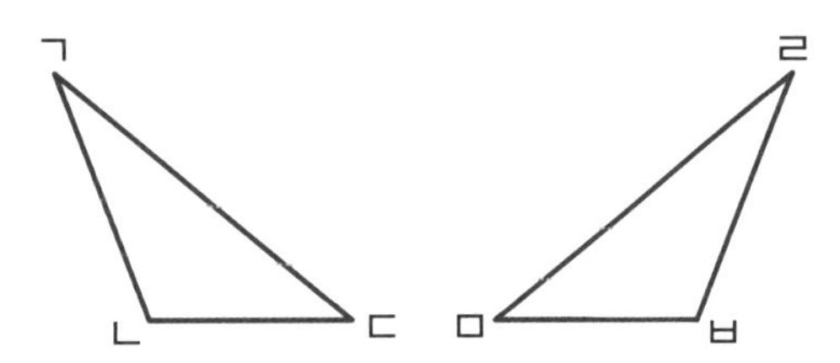

(1) 대응점은 3쌍입니다. ☐

(2) 변 ㄴㄷ의 대응변은 변 ㅂㅁ입니다. ☐

(3) 각 ㄱㄷㄴ의 대응각은 각 ㄹㅂㅁ입니다. ☐

삼각형 ㄱㄴㄷ과 삼각형 ㄹㄴㄷ은 서로 합동입니다.

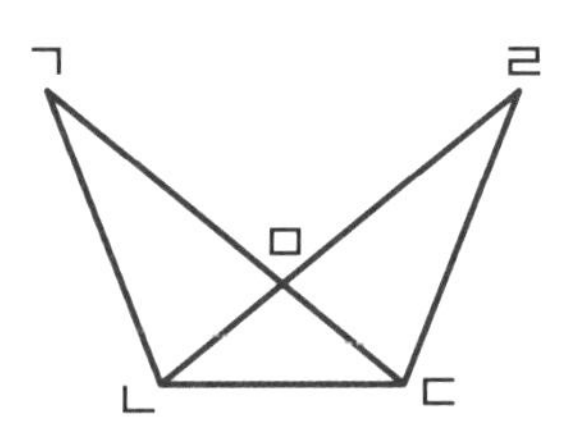

(4) 대응점은 5쌍입니다. ☐

(5) 변 ㄴㄷ의 대응변은 없습니다. ☐

(6) 각 ㄱㄷㄴ의 대응각은 각 ㄹㄴㄷ입니다. ☐

도형의 합동② 합동인 도형의 성질

두 도형은 서로 합동입니다. □ 안에 알맞은 수를 써넣으세요.

1

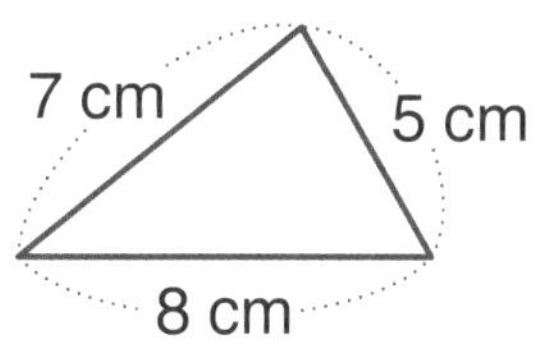

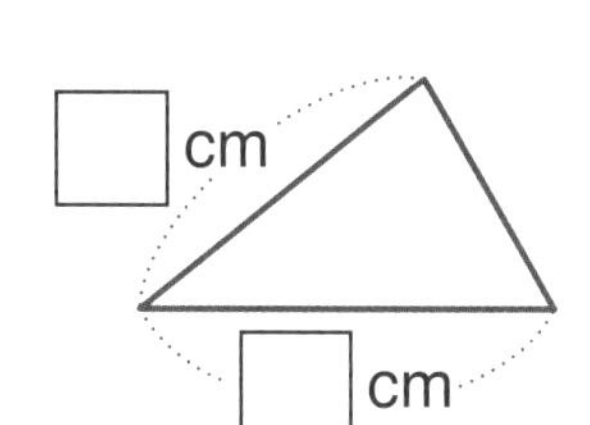

2

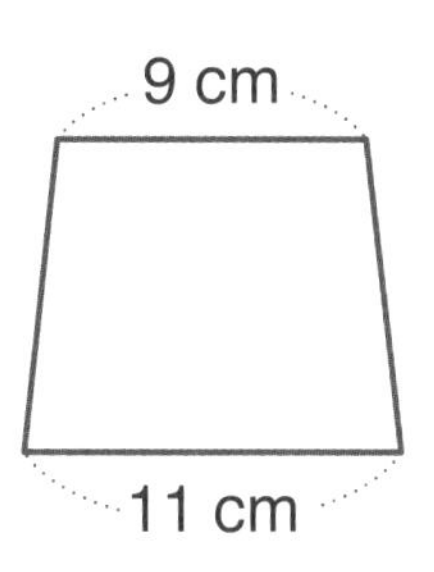

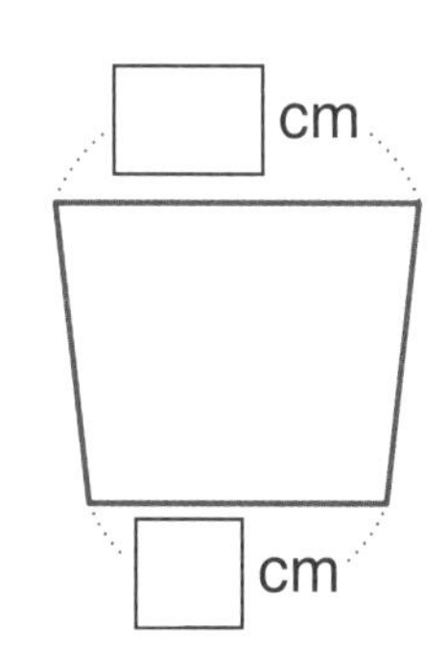

3

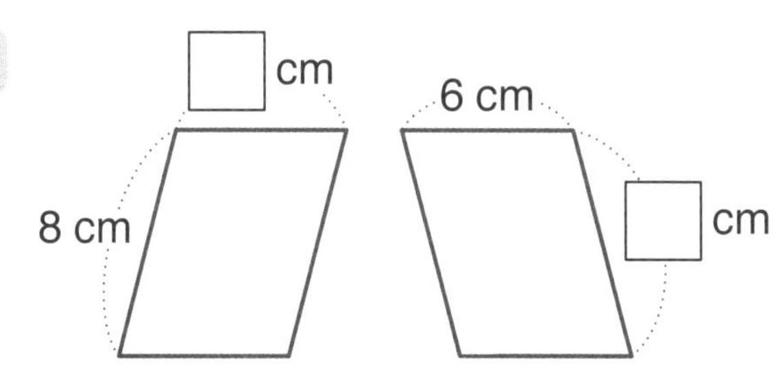

4

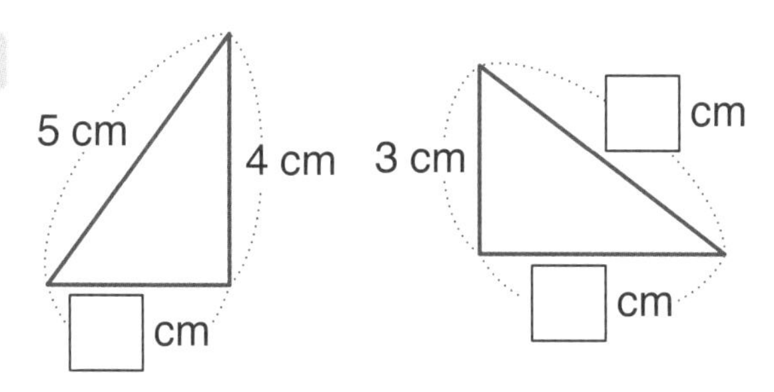

5

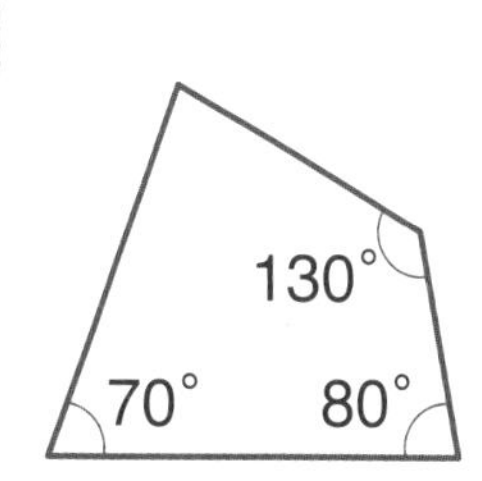

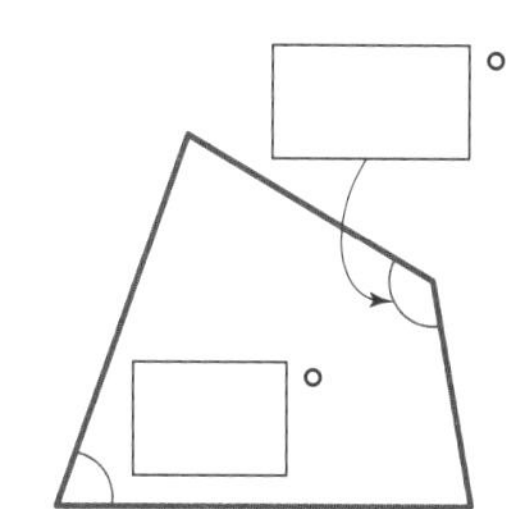

6

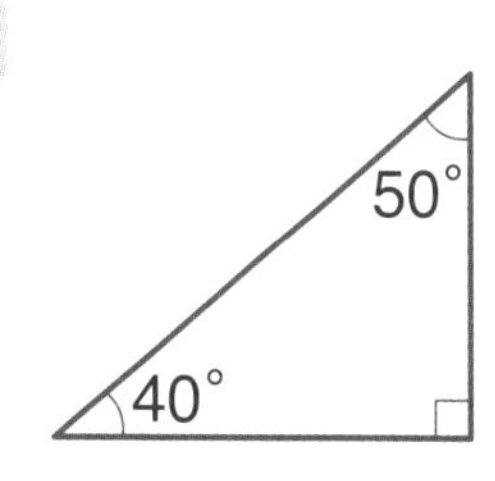

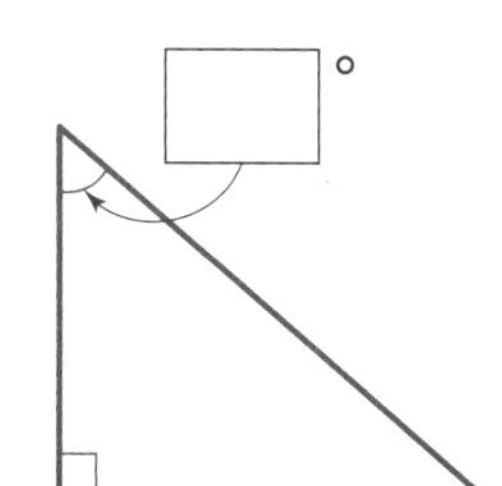

7

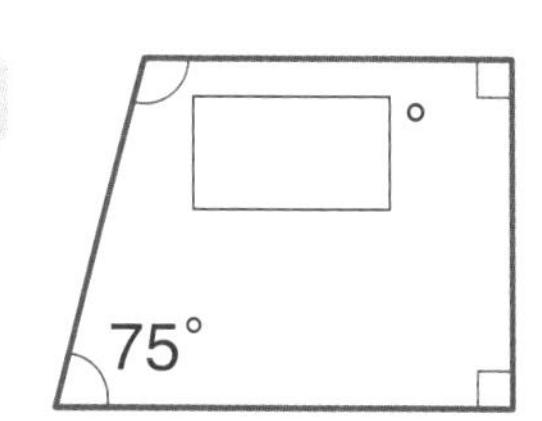

105° □° □°

8

120° 25° □° □° 35° □°

응용 up 도형의 합동②

1 사각형 ㄱㄴㄷㄹ과 사각형 ㅁㅂㅅㅇ은 서로 합동입니다.
사각형 ㅁㅂㅅㅇ의 둘레는 몇 cm인지 구하세요.

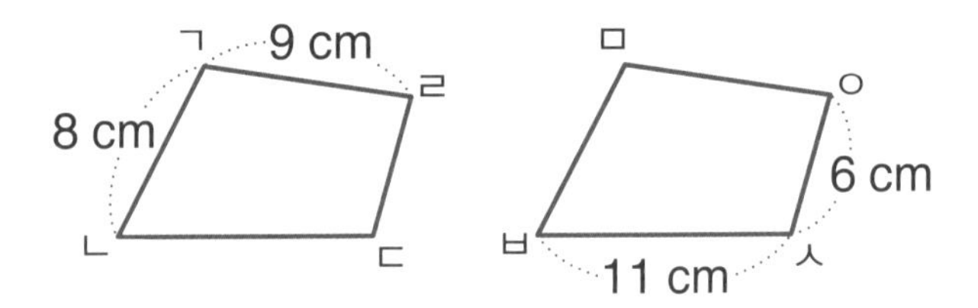

답 ____________

2 삼각형 ㄱㄴㄷ과 삼각형 ㄹㅁㅂ은 서로 합동입니다.
삼각형 ㄱㄴㄷ의 둘레가 28 cm일 때 변 ㄱㄷ은 몇 cm인지 구하세요.

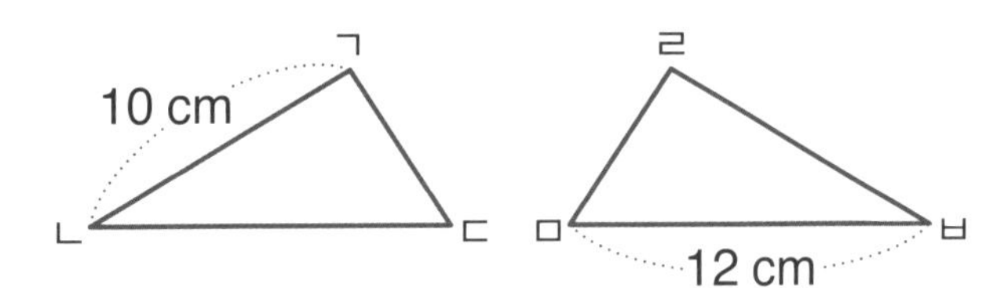

변 ㄴㄷ의 길이를 먼저 구하고, 둘레를 이용하여 변 ㄱㄷ의 길이를 구하면 돼.

답 ____________

3 삼각형 ㄱㄴㄷ과 삼각형 ㄷㄹㅁ은 서로 합동입니다.
각 ㄱㄷㄴ은 몇 도인지 구하세요.

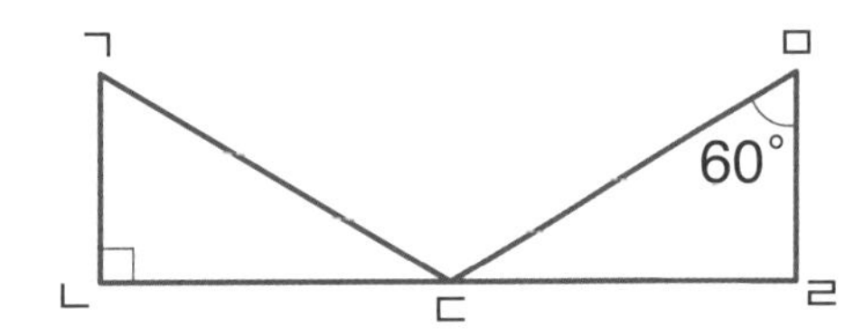

답 ____________

4 사각형 ㄱㄴㄷㅂ과 사각형 ㅂㄷㄹㅁ은 서로 합동입니다.
각 ㅁㅂㄷ은 몇 도인지 구하세요.

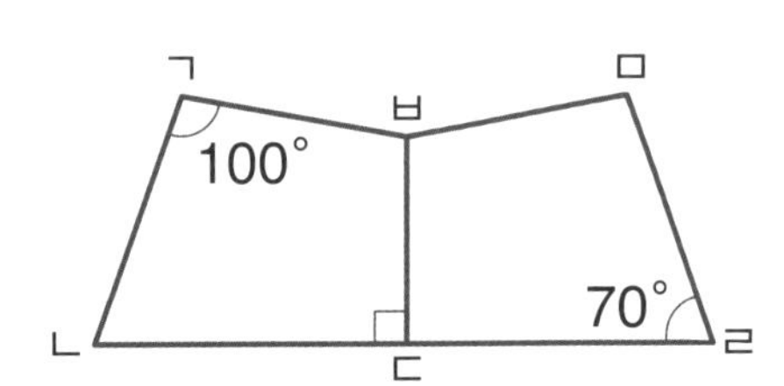

답 ____________

DAY 25

선대칭도형 ①

연산

선대칭도형의 대칭축을 모두 그리세요.

1

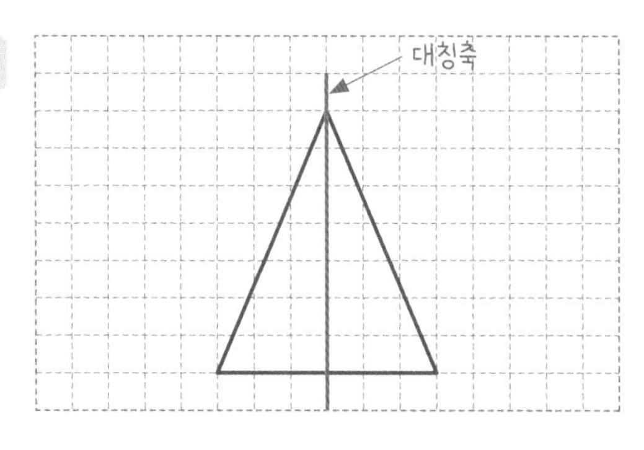

2

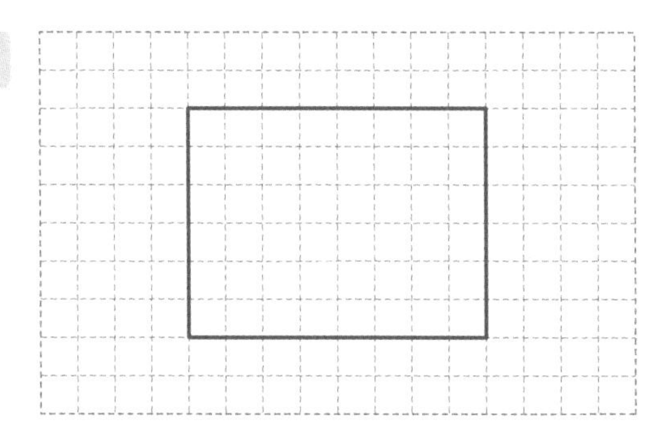

3

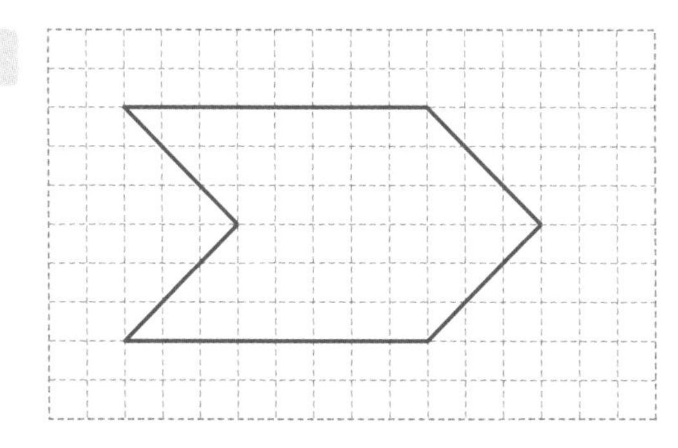

4

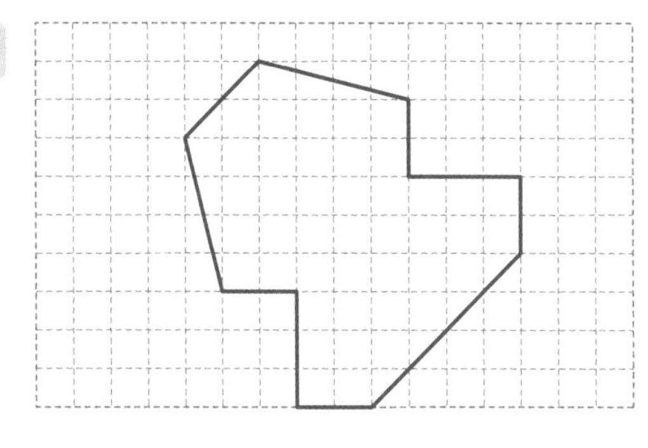

선대칭도형을 완성하세요.

5

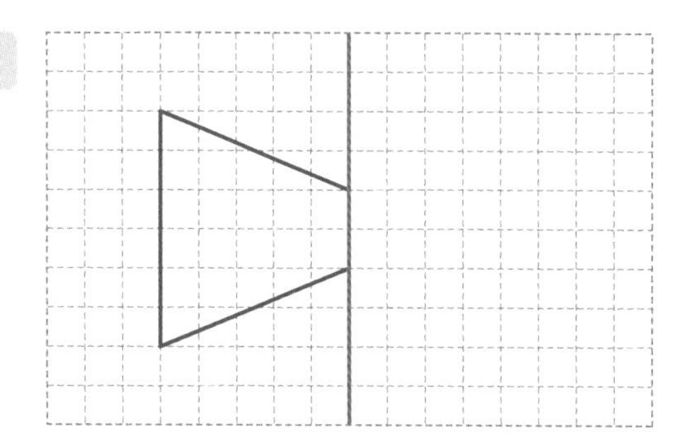

6

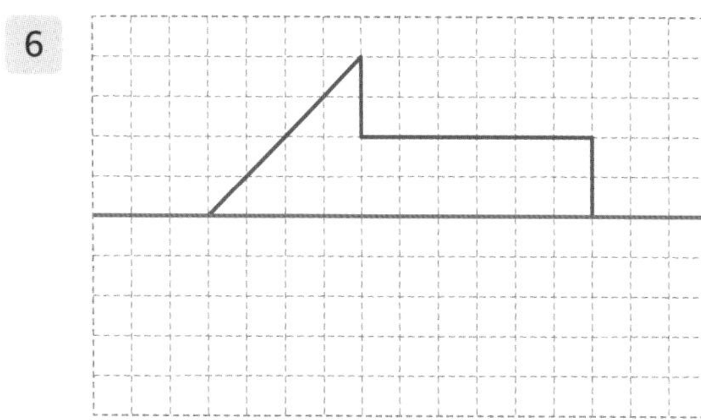

7

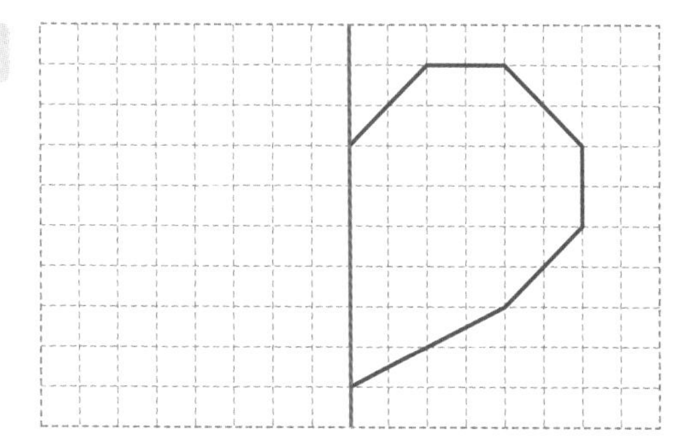

8

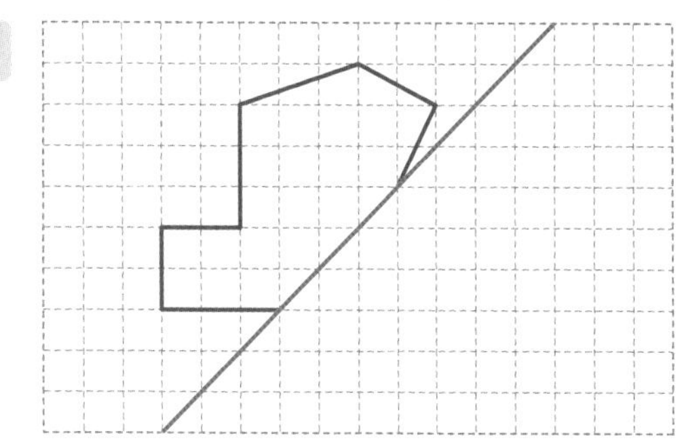

응용 UP

선대칭도형 ①

주어진 선을 대칭축으로 할 때 선대칭도형이 되도록 문자를 완성하세요.

1

2

3

4

5

6

7

8

9

10

11

12

선대칭도형 ② 선대칭도형의 성질

연산 up

직선 ㄱㄴ을 대칭축으로 하는 선대칭도형입니다. □ 안에 알맞은 수를 써넣으세요.

1

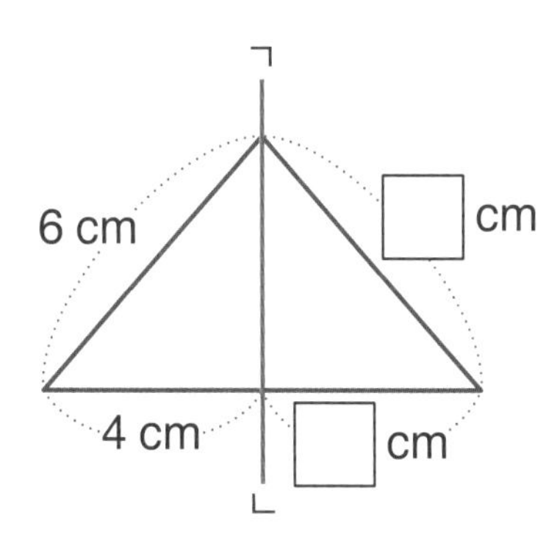

2

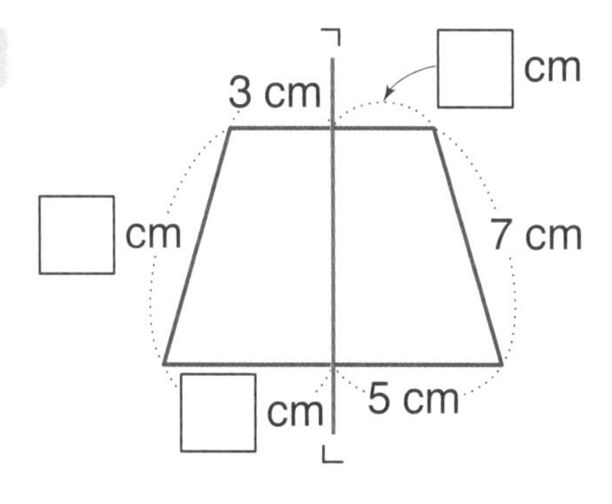

3

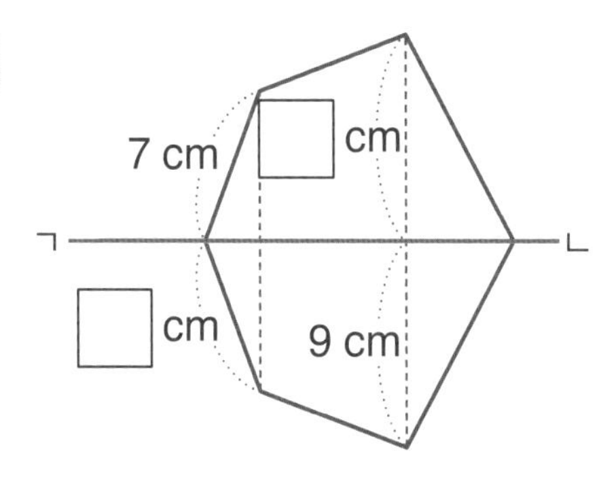

4

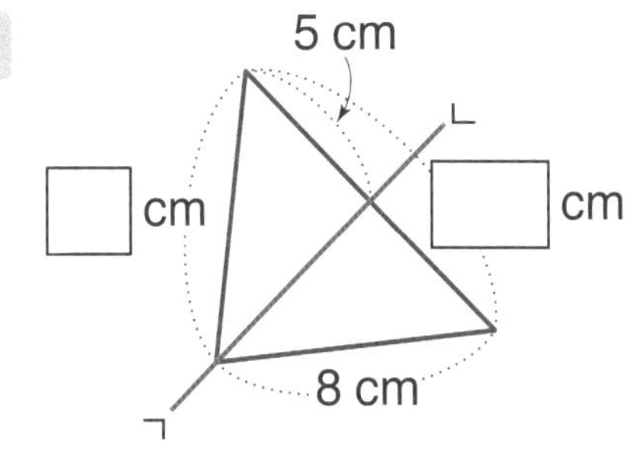

5

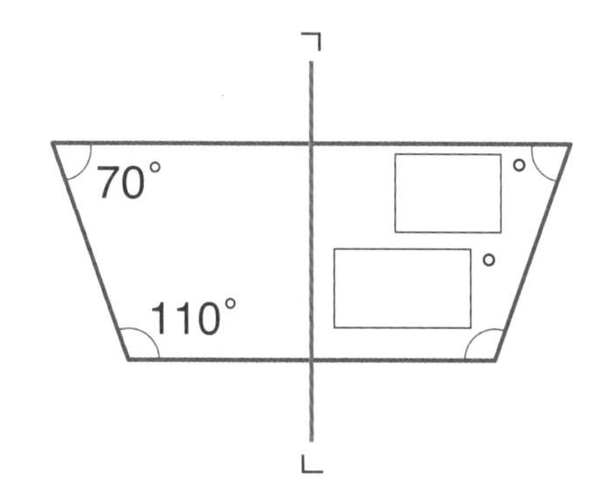

6

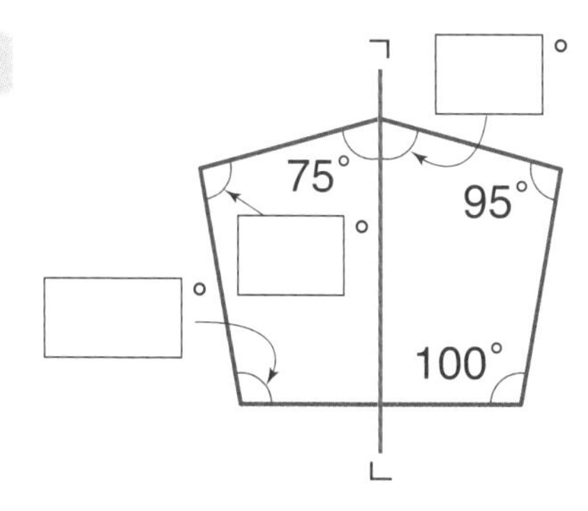

7

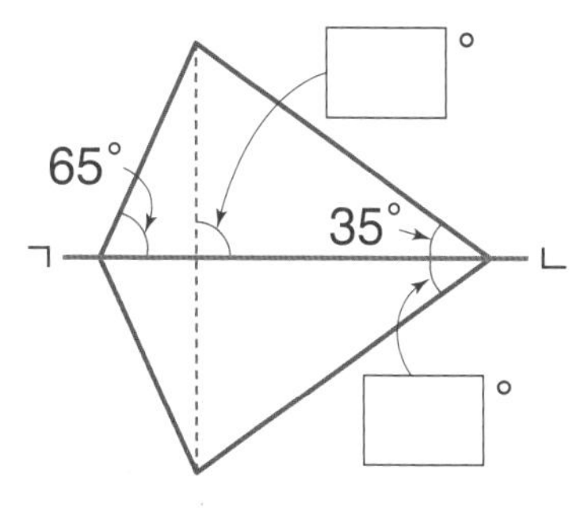

8

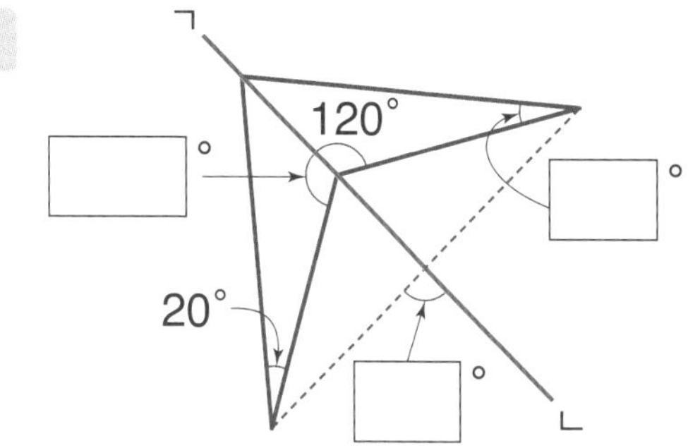

응용 UP 선대칭도형 ②

1 평행사변형 ㄱㄴㄷㄹ의 선분 ㄹㄷ을 대칭축으로 하는 선대칭도형을 만들었습니다. 만들어진 선대칭도형의 둘레는 몇 cm인지 구하세요.

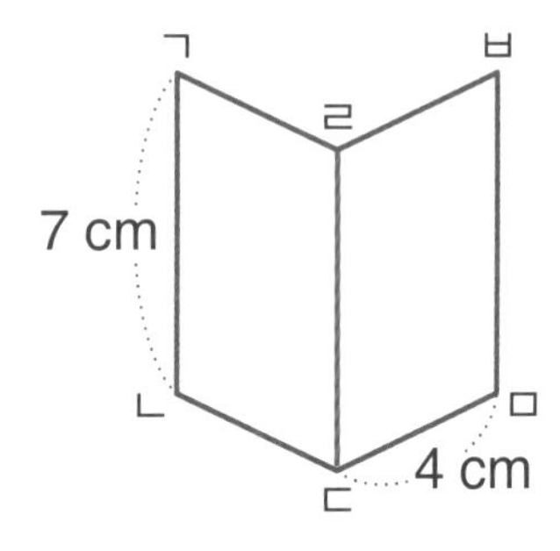

답 ________

2 삼각형 ㄱㄴㄷ은 선분 ㄱㄹ을 대칭축으로 하는 선대칭도형입니다. 삼각형 ㄱㄴㄷ의 둘레가 36 cm일 때 선분 ㄴㄹ은 몇 cm인지 구하세요.

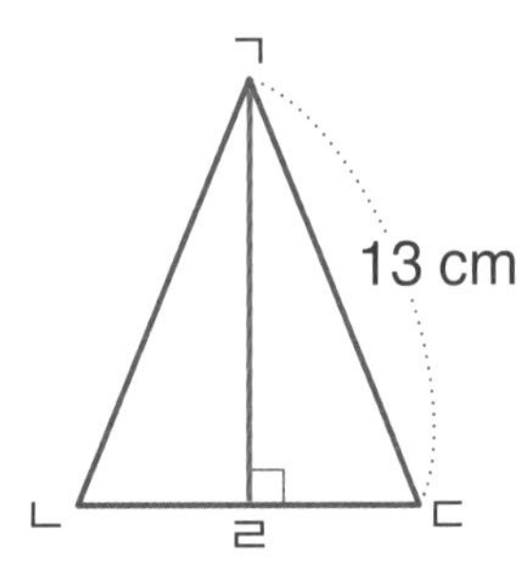

변 ㄱㄴ의 길이
→ 변 ㄴㄷ의 길이
→ 변 ㄴㄹ의 길이
순서로 구하면 돼.

답 ________

3 사각형 ㄱㄴㄷㄹ은 선분 ㅁㅂ을 대칭축으로 하는 선대칭도형입니다. 각 ㄴㄷㄹ은 몇 도인지 구하세요.

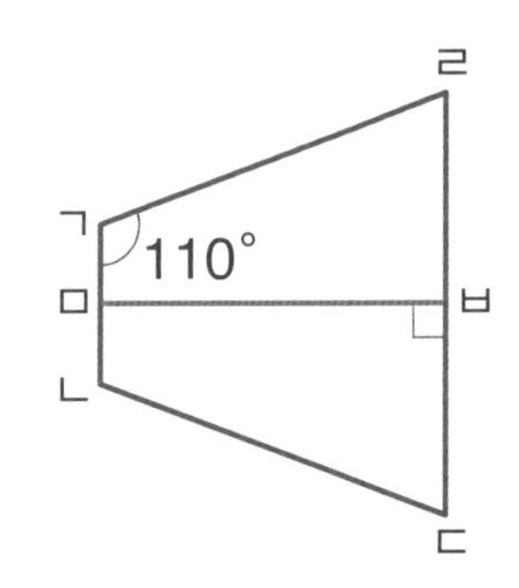

답 ________

점대칭도형 ①

연산

점대칭도형의 대칭의 중심을 찾아 표시하세요.

1

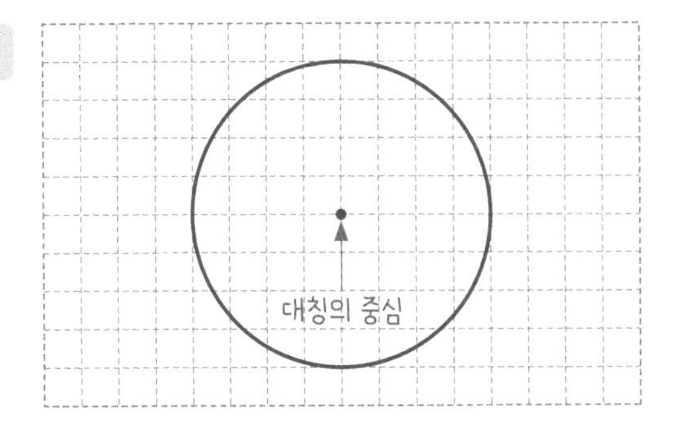

2

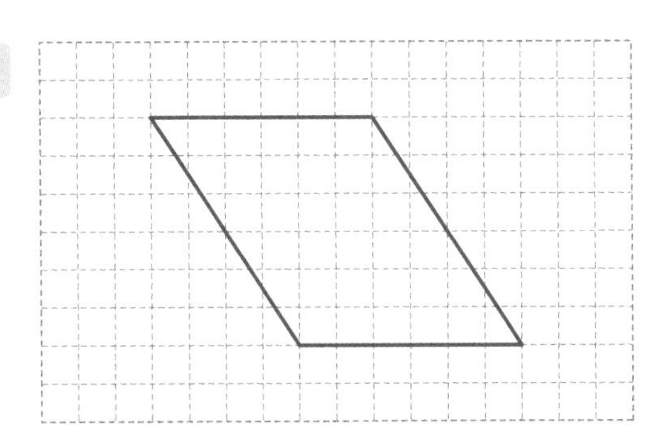

3

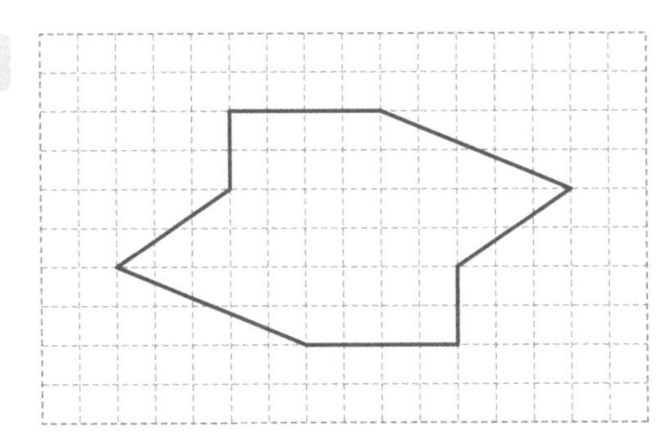

4

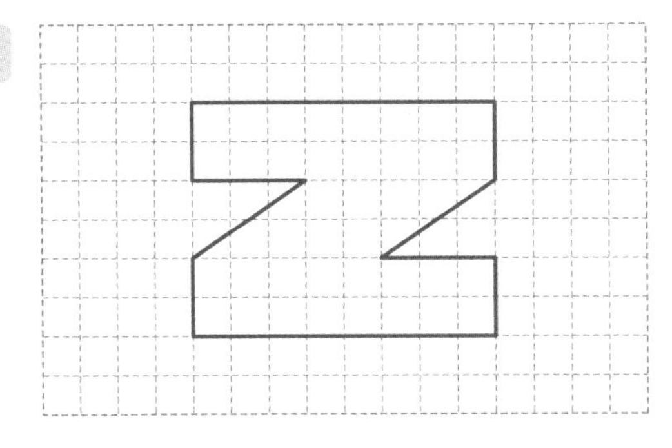

점대칭도형을 완성하세요.

5

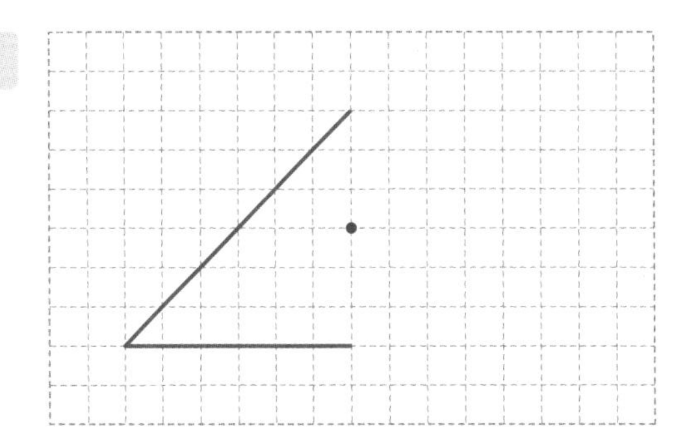

6

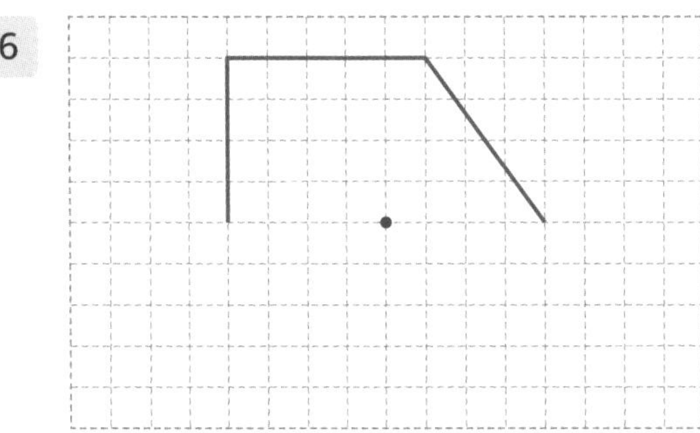

7

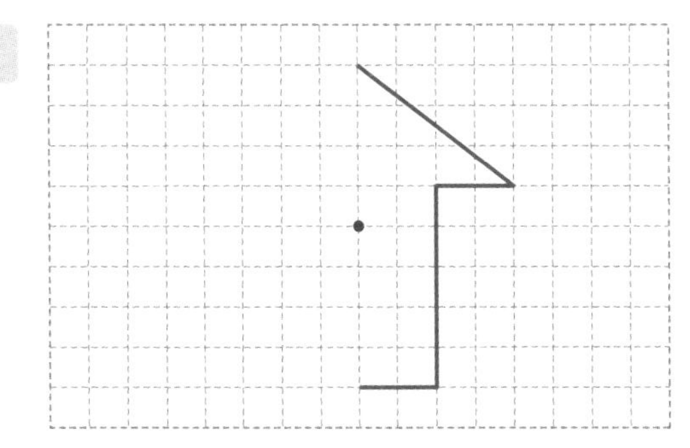

8

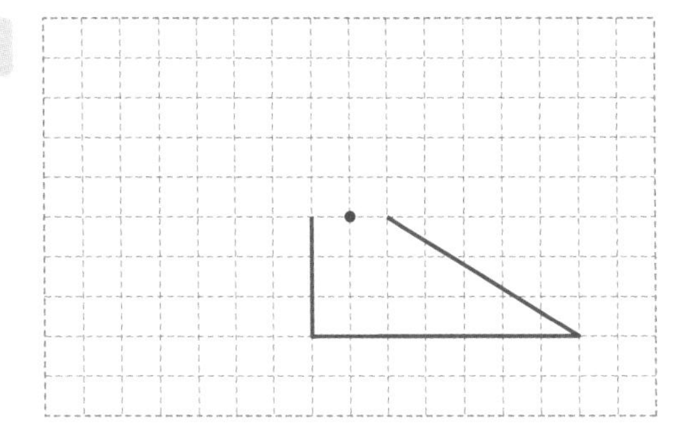

응용 up 점대칭도형 ①

선대칭도형, 점대칭도형이 되는 것에 ∨표 하세요.

1

선대칭도형 [V]
점대칭도형 [V]

2

선대칭도형 [ ]
점대칭도형 [ ]

3

선대칭도형 [ ]
점대칭도형 [ ]

4

선대칭도형 [ ]
점대칭도형 [ ]

5

선대칭도형 [ ]
점대칭도형 [ ]

6

선대칭도형 [ ]
점대칭도형 [ ]

7

선대칭도형 [ ]
점대칭도형 [ ]

8

선대칭도형 [ ]
점대칭도형 [ ]

9

선대칭도형 [ ]
점대칭도형 [ ]

10
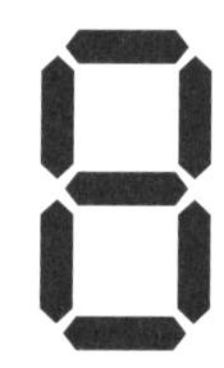
선대칭도형 [ ]
점대칭도형 [ ]

11
선대칭도형 [ ]
점대칭도형 [ ]

12

선대칭도형 [ ]
점대칭도형 [ ]

점대칭도형② 점대칭도형의 성질

점 ㅇ을 대칭의 중심으로 하는 점대칭도형입니다. □ 안에 알맞은 수를 써넣으세요.

1

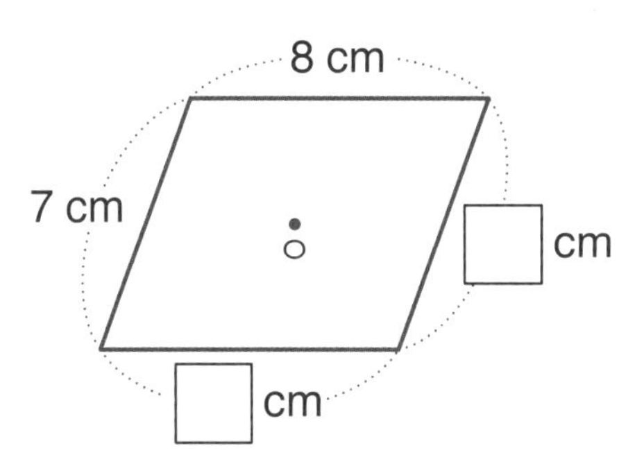

5

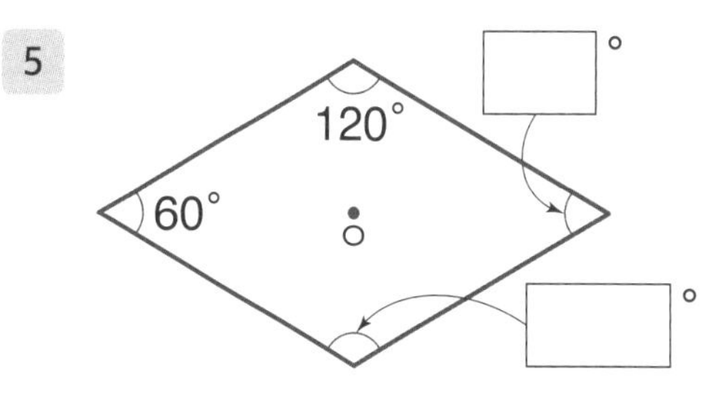

2

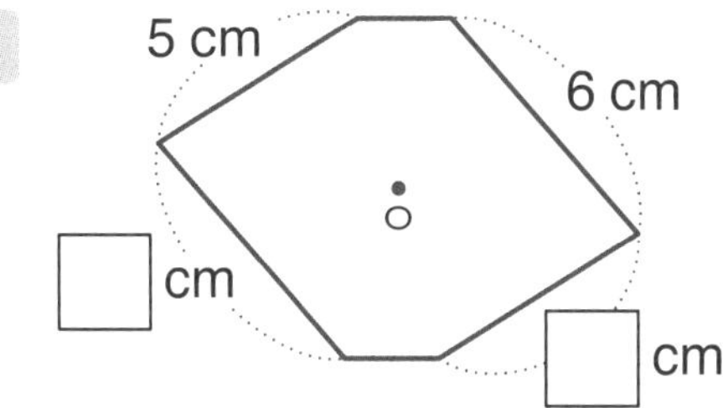

6

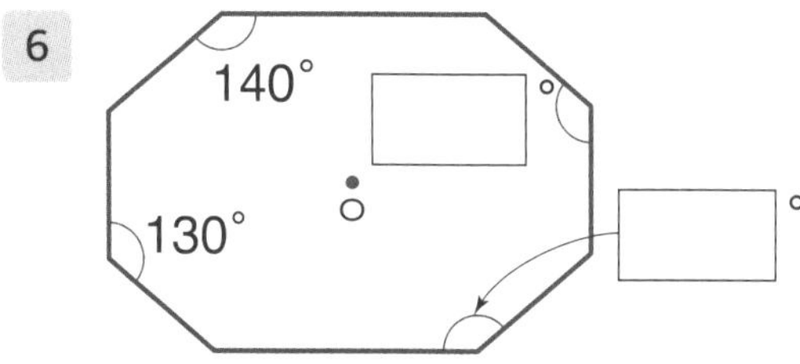

3

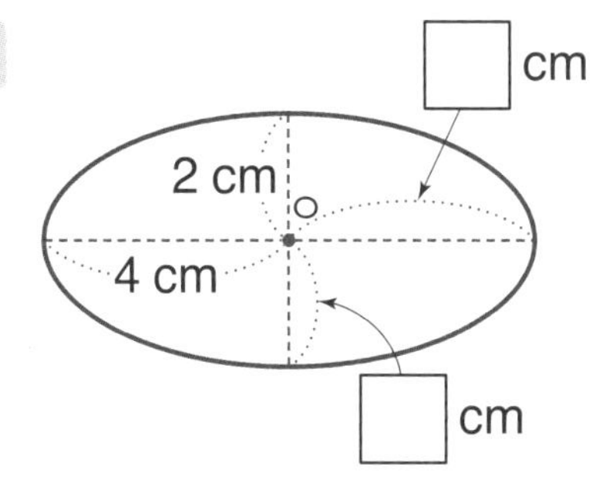

7

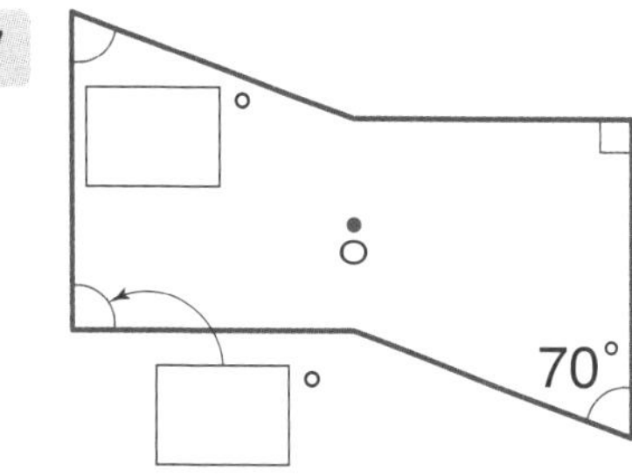

4

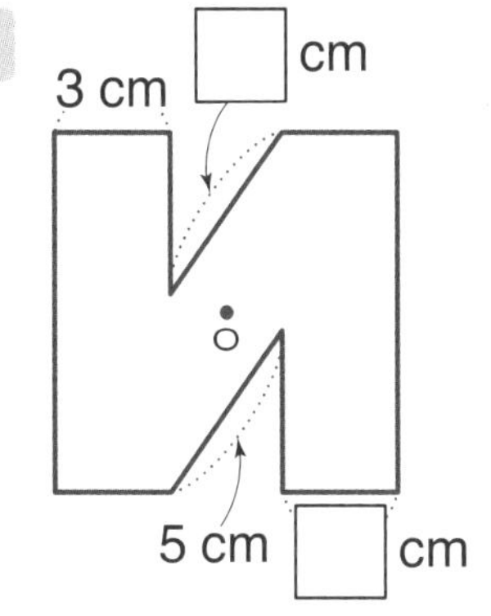

8

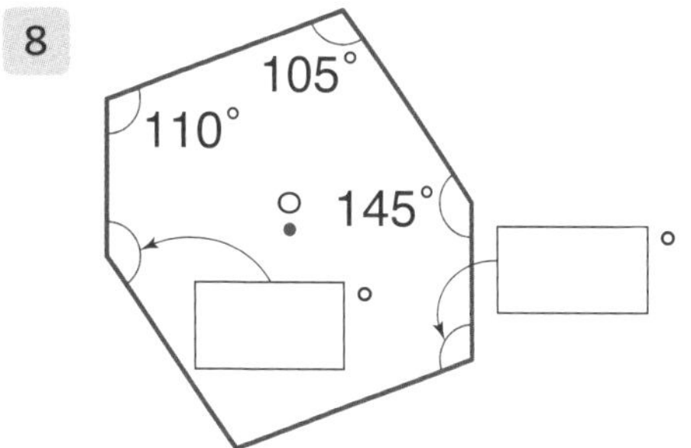

응용 UP 점대칭도형②

1 점 ㅇ을 대칭의 중심으로 하는 점대칭도형입니다.
선분 ㅇㄷ은 몇 cm인지 구하세요.

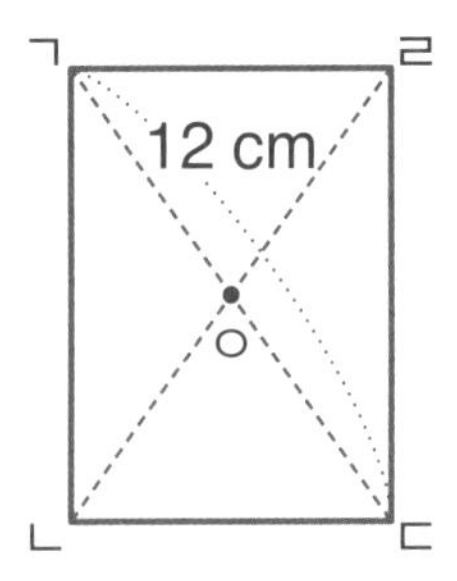

답 ______________

2 점 ㅇ을 대칭의 중심으로 하는 점대칭도형입니다.
각 ㄱㅂㄷ은 몇 도인지 구하세요.

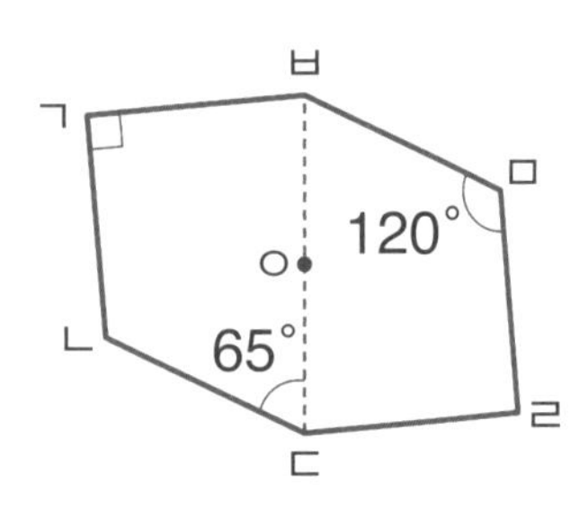

각 ㄱㄴㄷ의 크기를 먼저 구하고,
사각형의 네 각의 크기의 합을
이용하여 각 ㄱㅂㄷ의 크기를
구하면 돼.

답 ______________

3 점 ㅇ을 대칭의 중심으로 하는 점대칭도형입니다.
이 도형의 넓이는 몇 cm^2인지 구하세요.

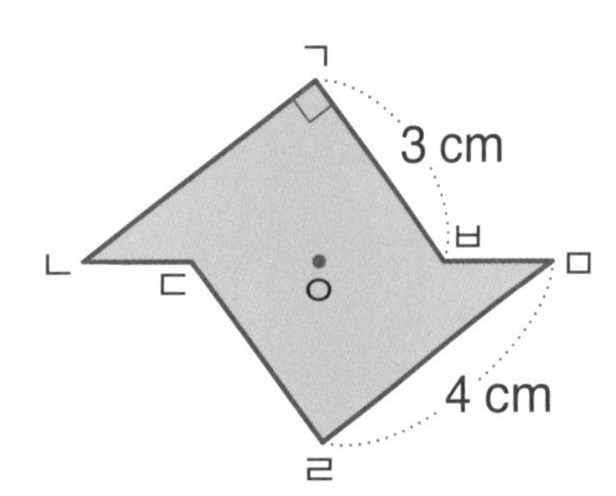

답 ______________

29 마무리 확인

연산 평가 up

1 두 도형은 서로 합동입니다. □ 안에 알맞은 수를 써넣으세요.

(1)

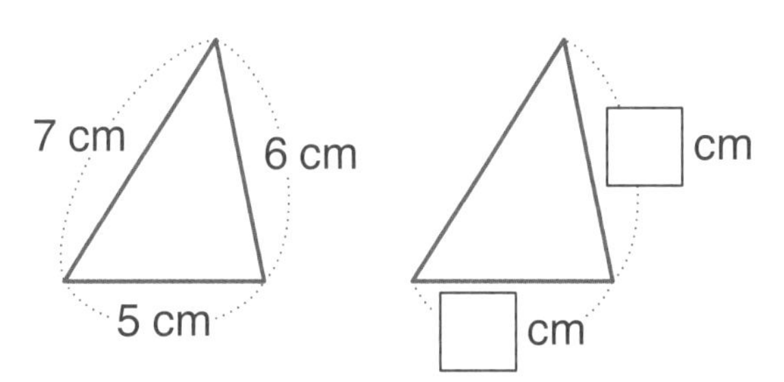

(2)

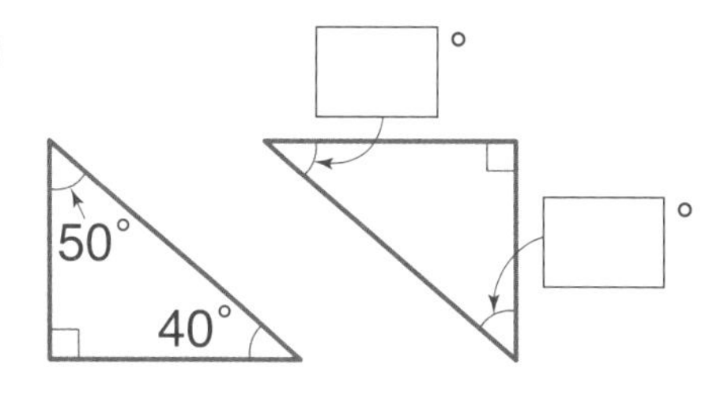

(3)

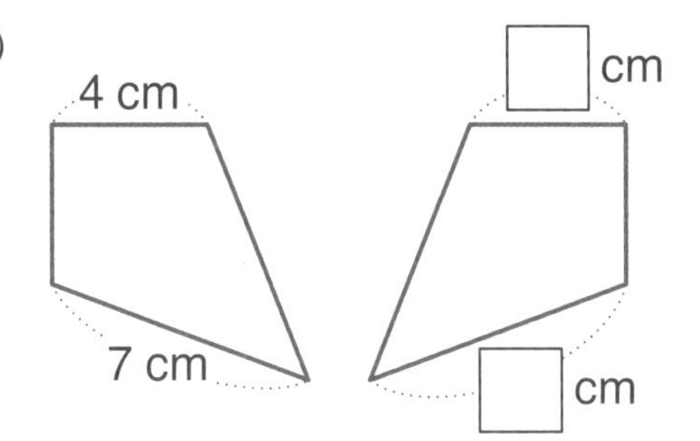

(4)

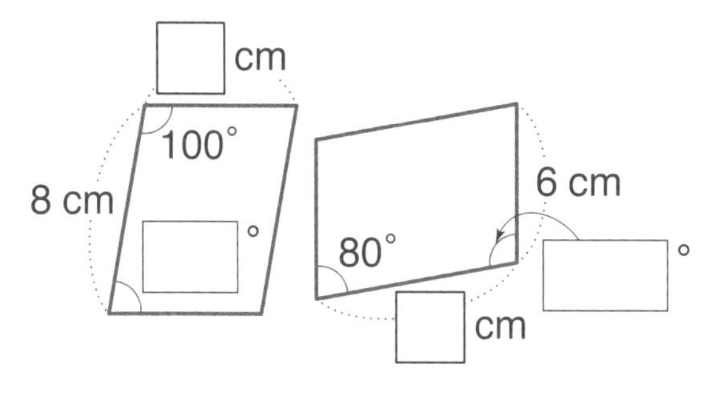

2 직선 ㄱㄴ을 대칭축으로 하는 선대칭도형입니다. □ 안에 알맞은 수를 써넣으세요.

(1)

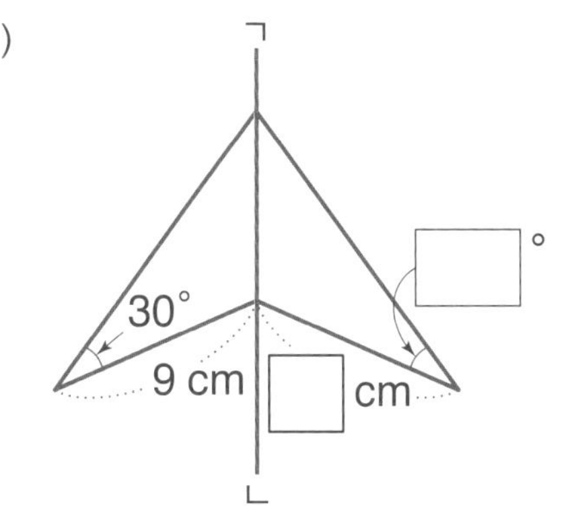

(2)

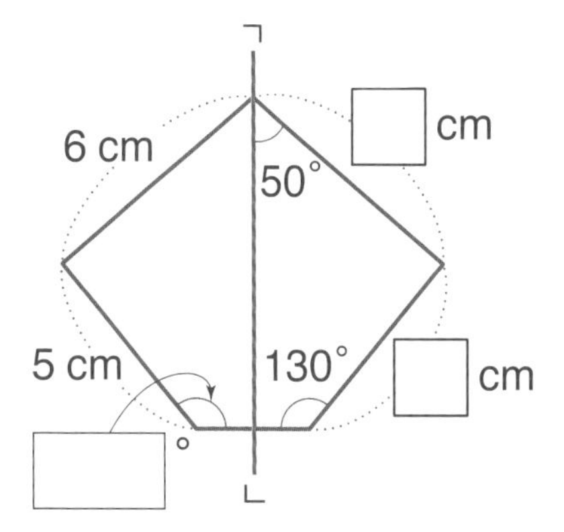

3 점 ㅇ을 대칭의 중심으로 하는 점대칭도형입니다. □ 안에 알맞은 수를 써넣으세요.

(1)

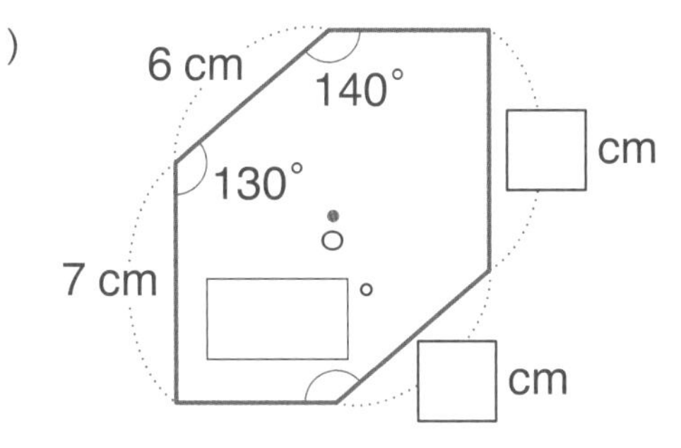

(2)

cm 4 cm °

35° ㅇ

cm 10 cm

마무리 확인

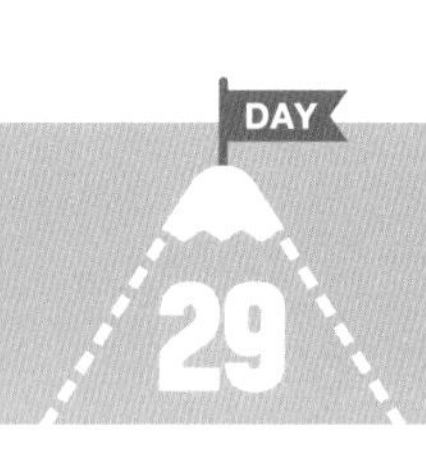

4 문자를 보고 선대칭도형도 되고 점대칭도형도 되는 것을 모두 찾아 쓰세요.

ㄷ V O Z ㅋ I

( )

5 오른쪽 삼각형 ㄱㄴㄷ과 삼각형 ㄹㄷㄴ은 서로 합동입니다.
각 ㄱㄴㅁ은 몇 도인지 구하세요.

( )

6 오른쪽 사각형 ㄱㄴㄷㄹ은 선분 ㅁㅂ을 대칭축으로 하는 선대칭 도형입니다. 사각형 ㄱㄴㄷㄹ의 넓이는 몇 cm^2인지 구하세요.

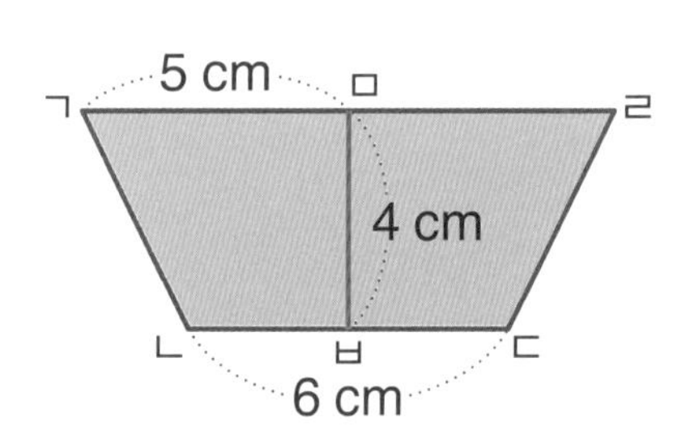

( )

7 오른쪽은 점 ㅇ을 대칭의 중심으로 하는 점대칭도형입니다. 이 도형의 둘레가 40 cm라면 선분 ㄴㄷ은 몇 cm인지 구하세요.

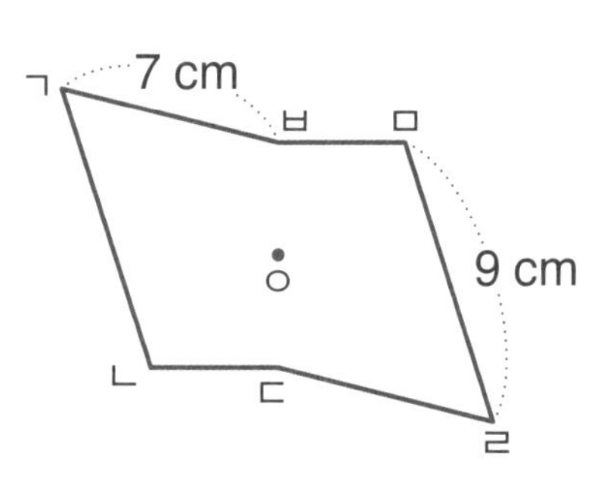

( )

04 소수의 곱셈

· 학습계열표 ·

이전에 배운 내용

4-2 소수의 덧셈과 뺄셈
- 소수 두 자리 수, 소수 세 자리 수
- (소수)+(소수), (소수)−(소수)

5-2 분수의 곱셈
- (분수)×(자연수)
- (자연수)×(분수)
- (분수)×(분수)

▼

지금 배울 내용

5-2 소수의 곱셈
- (소수)×(자연수)
- (자연수)×(소수)
- (소수)×(소수)

▼

앞으로 배울 내용

6-1 소수의 나눗셈
- (소수)÷(자연수)
- (자연수)÷(자연수)

• 학습기록표 •

학습 일차	학습 내용	날짜	맞은 개수	
			연산	응용
DAY 30	(소수)×(자연수), (자연수)×(소수)① 세로셈	/	/12	/5
DAY 31	(소수)×(자연수), (자연수)×(소수)② 가로셈	/	/9	/5
DAY 32	(소수)×(소수)① 세로셈	/	/12	/5
DAY 33	(소수)×(소수)② 가로셈	/	/9	/5
DAY 34	소수의 곱셈 종합①	/	/12	/5
DAY 35	소수의 곱셈 종합②	/	/12	/4
DAY 36	소수의 곱셈 종합③	/	/12	/5
DAY 37	소수의 곱셈 종합④	/	/9	/6
DAY 38	곱의 소수점 위치① 10, 100, 1000 곱하기	/	/10	/5
DAY 39	곱의 소수점 위치② 0.1, 0.01, 0.001 곱하기	/	/10	/5
DAY 40	곱의 소수점 위치③ (소수)×(소수)에서 곱의 소수점 위치	/	/8	/12
DAY 41	마무리 확인	/	/18	

책상에 붙여 놓고
매일매일 기록해요.

4. 소수의 곱셈

(소수)×(자연수), (자연수)×(소수)

• (소수)×(자연수), (자연수)×(소수)

	0.5
×	3
	1.5

	4.85
×	6
	29.10 (끝자리 0 지움)

	7
×	0.7
	4.9

	13
×	0.28
	104
	26
	3.64

소수점 아래 끝자리 0은 생략하여 나타낼 수 있어!

계산 방법
❶ 자연수의 곱셈을 합니다.
❷ 곱해지는 수 또는 곱하는 수의 소수점 위치에 맞추어 곱의 결과에 소수점을 찍습니다.

(소수)×(소수)

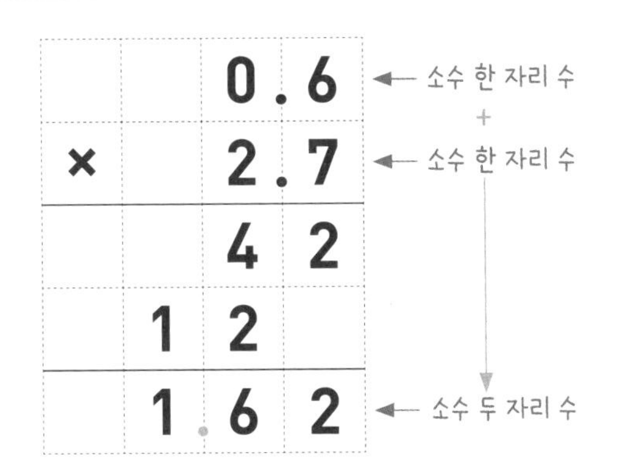

	0.6	← 소수 한 자리 수
×	2.7	← 소수 한 자리 수 (+)
	42	
	12	
	1.62	← 소수 두 자리 수

	3.54	← 소수 두 자리 수
×	1.3	← 소수 한 자리 수 (+)
	1062	
	354	
	4.602	← 소수 세 자리 수

계산 방법
❶ 자연수의 곱셈을 합니다.
❷ 곱하는 두 소수의 소수점 아래 자리 수의 합만큼 소수점을 찍습니다.

곱의 소수점 위치 _ 소수와 자연수의 곱셈

• 소수에 10, 100, 1000 곱하기

$9.16 \times 1 = 9.16$

$9.16 \times 10 = 91.6$

$9.16 \times 100 = 916$

$9.16 \times 1000 = 9160$

규칙 곱하는 수가 1, 10, 100, 1000으로 곱하는 수의 0이 하나씩 늘어날 때마다 곱의 소수점이 오른쪽으로 한 자리씩 옮겨집니다.

• 자연수에 0.1, 0.01, 0.001 곱하기

$384 \times 1 = 384$

$384 \times 0.1 = 38.4$

$384 \times 0.01 = 3.84$

$384 \times 0.001 = 0.384$

규칙 곱하는 수가 1, 0.1, 0.01, 0.001로 곱하는 소수의 소수점 아래 자리 수가 하나씩 늘어날 때마다 곱의 소수점이 왼쪽으로 한 자리씩 옮겨집니다.

곱의 소수점 위치 _ 소수끼리의 곱셈

$5 \times 7 = 35$

$0.5 \times 0.7 = 0.35$ ← (소수 한 자리 수)×(소수 한 자리 수) ➡ (소수 두 자리 수)

$0.5 \times 0.07 = 0.035$ ← (소수 한 자리 수)×(소수 두 자리 수) ➡ (소수 세 자리 수)

$0.05 \times 0.7 = 0.035$ ← (소수 두 자리 수)×(소수 한 자리 수) ➡ (소수 세 자리 수)

$0.05 \times 0.07 = 0.0035$ ← (소수 두 자리 수)×(소수 두 자리 수) ➡ (소수 네 자리 수)

(소수)×(자연수), (자연수)×(소수) ① 세로셈 연산 up

1

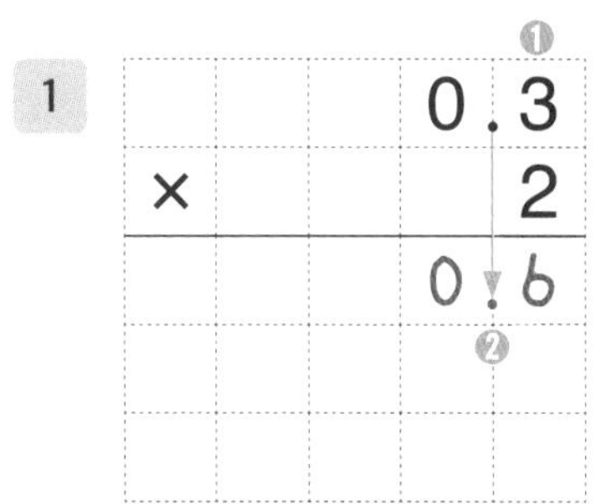

❶ 자연수의 곱: 3×2=6
❷ 소수점 맞추어 찍기

2

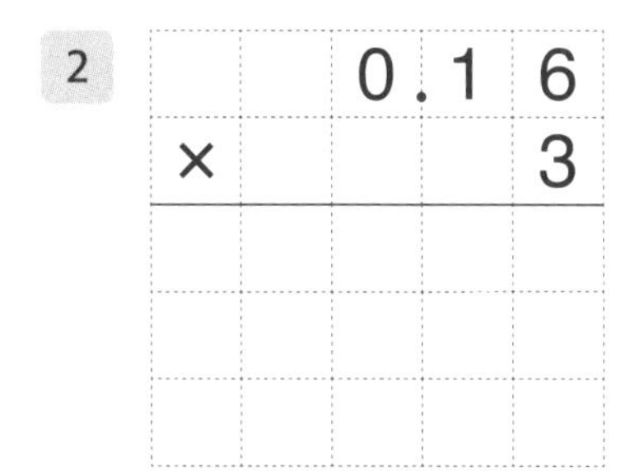

3

$$\begin{array}{r} 8 \\ \times\ 0.7 \\ \hline \end{array}$$

4

$$\begin{array}{r} 5\ 1 \\ \times\ 0.2\ 4 \\ \hline \end{array}$$

5

$$\begin{array}{r} 1.2 \\ \times\ 1\ 3 \\ \hline \end{array}$$

6

$$\begin{array}{r} 8.1\ 7 \\ \times\ 4 \\ \hline \end{array}$$

7

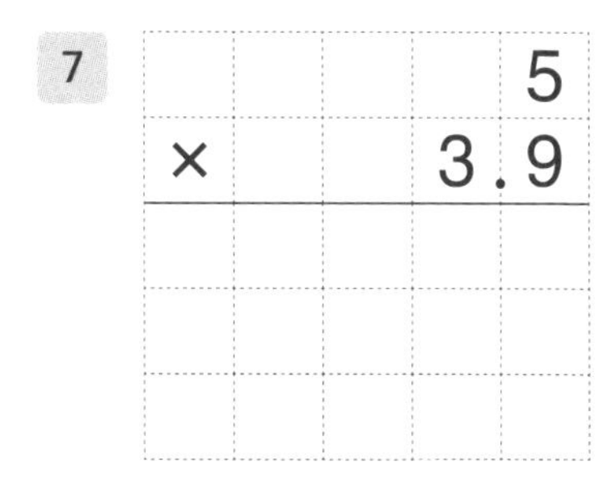

8

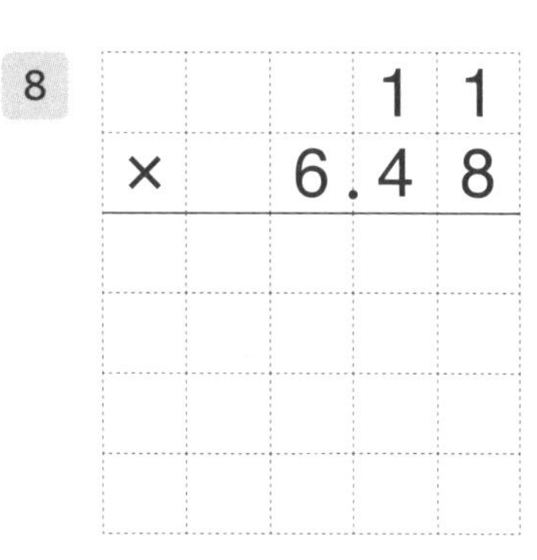

9

$$\begin{array}{r} 0.0\ 9 \\ \times\ 7 \\ \hline \end{array}$$

10

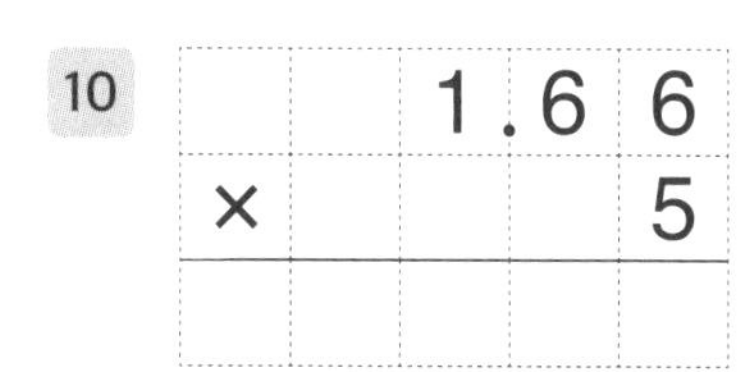

곱의 소수점 아래
끝자리 0은 생략!

11

$$\begin{array}{r} 9\ 2 \\ \times\ 2.1 \\ \hline \end{array}$$

12

$$\begin{array}{r} 4\ 0 \\ \times\ 6.0\ 5 \\ \hline \end{array}$$

응용 UP (소수)×(자연수), (자연수)×(소수) ①

1 민정이는 길이가 0.6 m인 색 테이프를 4장 가지고 있습니다. 민정이가 가지고 있는 색 테이프의 길이는 모두 몇 m인지 구하세요.

식

답 ____________

2 은찬이는 매일 2.19 km씩 달립니다. 은찬이가 5일 동안 달린 거리는 몇 km인지 구하세요.

식

답 ____________

3 한 자루의 무게가 9.5 g인 볼펜 12자루의 무게는 몇 g인지 구하세요.

식

답 ____________

4 한 변의 길이가 10.4 cm인 정삼각형의 둘레는 몇 cm인지 구하세요.

10.4 cm

식

답 ____________

5 현수는 매일 1.6 L씩 물을 마십니다. 현수가 일주일 동안 마신 물의 양은 몇 L인지 구하세요.

식

답 ____________

(소수)×(자연수), (자연수)×(소수)② 가로셈 연산

1 $0.4 \times 9 = 3.6$

오른쪽 끝을 맞춰 쓴 다음
계산해야 해.

			0	.4
×				9
			3	.6

4 $9 \times 1.75 =$

7 $14.6 \times 2 =$

2 $12 \times 0.7 =$

5 $4.16 \times 82 =$

8 $90 \times 0.5 =$

3 $0.53 \times 13 =$

6 $213 \times 1.74 =$

9 $0.05 \times 800 =$

응용 up (소수)×(자연수), (자연수)×(소수) ②

1 해준이는 우유 820 mL의 0.4만큼을 마셨습니다. 해준이가 마신 우유는 몇 mL인지 구하세요.

식

답 ______

2 세훈이의 몸무게는 34 kg이고 아버지의 몸무게는 세훈이의 몸무게의 2.5배입니다. 아버지의 몸무게는 몇 kg인지 구하세요.

식

답 ______

3 가로가 6 m이고 세로가 5.3 m인 직사각형의 넓이는 몇 m^2인지 구하세요.

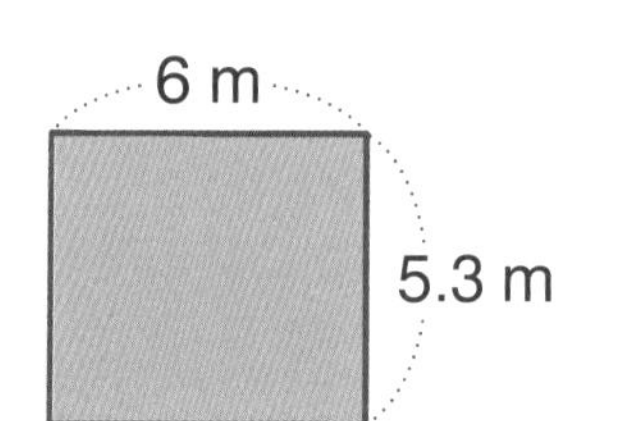

식

답 ______

4 주혜가 마트에서 과자를 사려고 합니다. 과자 한 봉지의 용량이 300 g일 때, 과자 1 g당 가격은 8.7원입니다. 과자 한 봉지의 가격은 얼마인지 구하세요.

식

답 ______

5 수성에서 잰 몸무게는 지구에서 잰 몸무게의 약 0.38배입니다. 지구에서 몸무게가 31 kg인 은영이가 수성에서 몸무게를 재면 약 몇 kg인지 구하세요.

식

답 약 ______

(소수)×(소수) ① 세로셈

연산 up

1

$$\begin{array}{r} 0.2 \\ \times\ 0.3 \\ \hline 0.06 \end{array}$$

❶ 자연수의 곱: 2×3=6
❷ 두 소수의 소수점 아래 자리 수의 합만큼 소수점 찍기

2

$$\begin{array}{r} 1.1 \\ \times\ 1.1 \\ \hline \end{array}$$

3

$$\begin{array}{r} 0.6 \\ \times\ 21.7 \\ \hline \end{array}$$

4

$$\begin{array}{r} 17.4 \\ \times\ 0.3 \\ \hline \end{array}$$

5

$$\begin{array}{r} 0.16 \\ \times\ 0.08 \\ \hline \end{array}$$

6

$$\begin{array}{r} 0.05 \\ \times\ 2.04 \\ \hline \end{array}$$

7

$$\begin{array}{r} 9.19 \\ \times\ 0.33 \\ \hline \end{array}$$

8

$$\begin{array}{r} 4.87 \\ \times\ 1.95 \\ \hline \end{array}$$

9

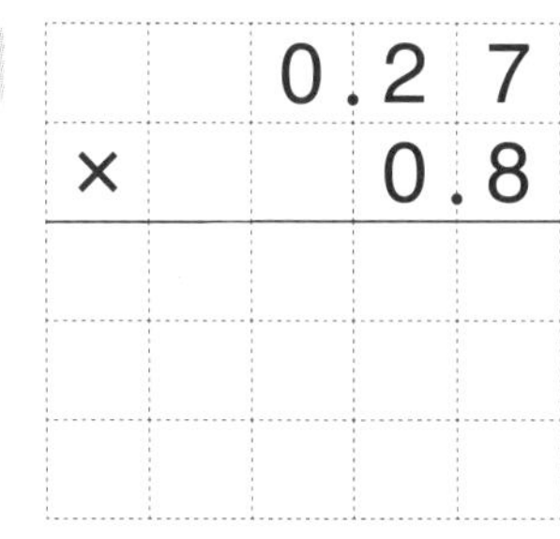

$$\begin{array}{r} 0.27 \\ \times\ 0.8 \\ \hline \end{array}$$

10

$$\begin{array}{r} 4.6 \\ \times\ 0.12 \\ \hline \end{array}$$

11

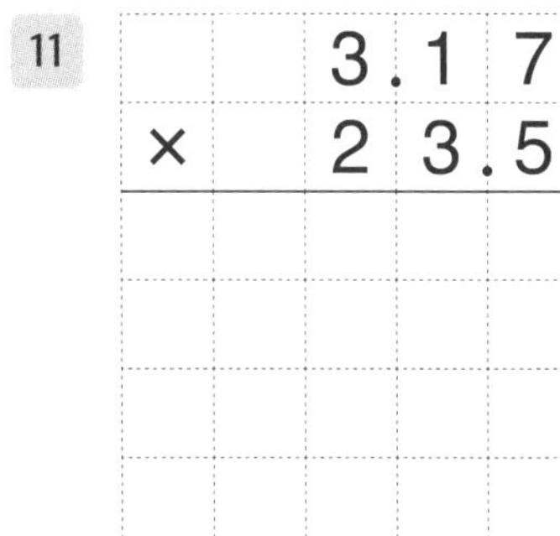

$$\begin{array}{r} 3.17 \\ \times\ 23.5 \\ \hline \end{array}$$

12

$$\begin{array}{r} 7.2 \\ \times\ 6.03 \\ \hline \end{array}$$

응용 UP (소수)×(소수) ①

1 유미가 산 지우개의 길이는 3.5 cm이고 붓의 길이는 지우개의 길이의 5.6배입니다. 붓의 길이는 몇 cm인지 구하세요.

식

답 ____________

2 우식이의 키는 1.6 m입니다. 어머니의 키가 우식이의 키의 1.04배일 때 어머니의 키는 몇 m인지 구하세요.

식

답 ____________

3 지민이의 몸무게는 34.8 kg이고 동생의 몸무게는 지민이의 몸무게의 0.75배입니다. 동생의 몸무게는 몇 kg인지 구하세요.

식

답 ____________

4 성재네 밭에 감자와 고구마를 심었습니다. 감자는 14.5 m^2를 심고, 고구마는 감자를 심은 밭의 넓이의 2.2배만큼 심었습니다. 고구마를 심은 밭의 넓이는 몇 m^2인지 구하세요.

식

답 ____________

5 파란색 리본의 길이는 1.81 m이고 노란색 리본의 길이는 파란색 리본의 길이의 1.3배입니다. 노란색 리본의 길이는 몇 m인지 구하세요.

식

답 ____________

(소수)×(소수) ② 가로셈

1 $0.2 \times 0.8 = 0.16$

		0.2
×		0.8
	0.16	

2 $0.5 \times 0.5 =$

3 $8.1 \times 8.1 =$

4 $0.07 \times 0.4 =$

5 $1.34 \times 1.96 =$

6 $5.8 \times 2.37 =$

7 $6.58 \times 1.26 =$

8 $20.2 \times 1.63 =$

9 $7.04 \times 4.7 =$

응용 up (소수)×(소수)②

1 △△ 밀가루 한 봉지는 0.9 kg입니다. 그중 0.85만큼이 탄수화물 성분일 때 탄수화물 성분은 몇 kg인지 구하세요.

식

답 ________

2 서인이는 무게가 0.38 kg인 두부 한 팩을 샀습니다. 이 두부의 0.08만큼이 단백질 성분일 때 두부 한 팩의 단백질 성분은 몇 kg인지 구하세요.

식

답 ________

3 현규는 만들기를 하는 데 길이가 60.8 m인 철사의 0.4만큼을 사용했습니다. 현규가 사용한 철사는 몇 m인지 구하세요.

식

답 ________

4 예지네 집에서 할머니 댁까지의 거리는 7.5 km입니다. 예지가 할머니 댁까지 가는데 전체 거리의 0.9만큼 버스를 타고 갔습니다. 버스를 타고 간 거리는 몇 km인지 구하세요.

식

답 ________

5 ○○ 우유 2.2 L 한 통의 0.17만큼이 포화 지방 성분입니다. 포화 지방 성분은 몇 L인지 구하세요.

식

답 ________

소수의 곱셈 종합①

1. 0.9×6

5. 17×0.6

9. 0.2×0.5

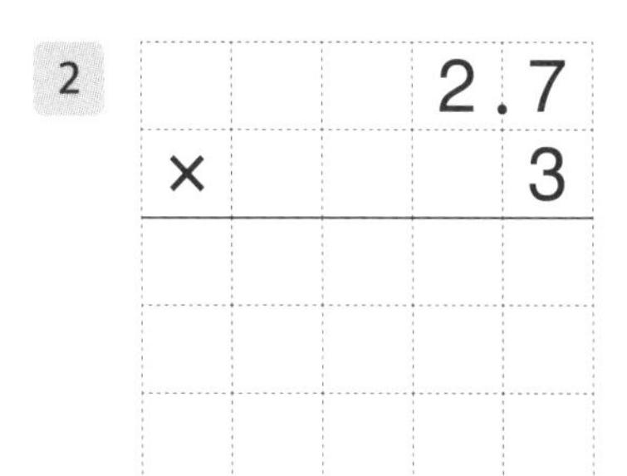

2. 2.7×3

6. 31×0.75

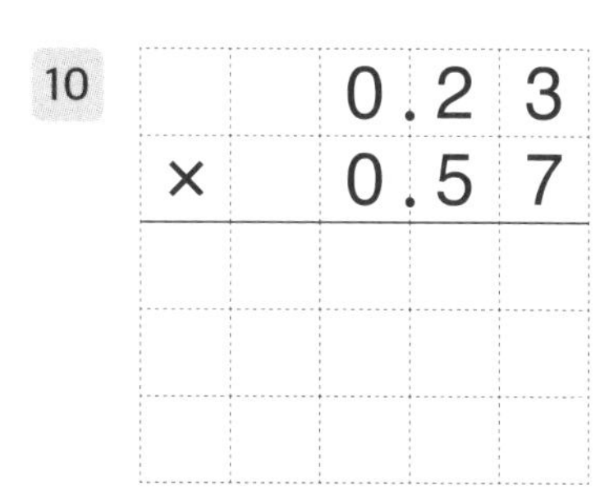

10. 0.23×0.57

3. 5.15×8

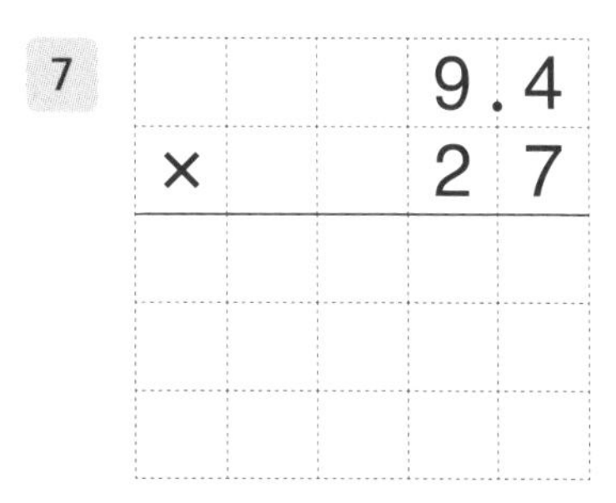

7. 9.4×27

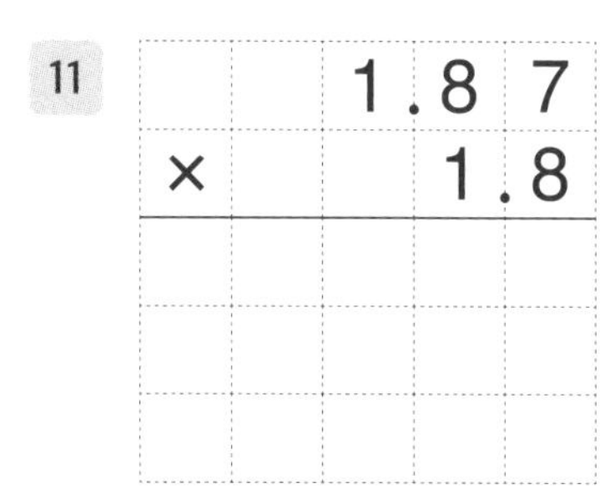

11. 1.87×1.8

4. 62×1.4

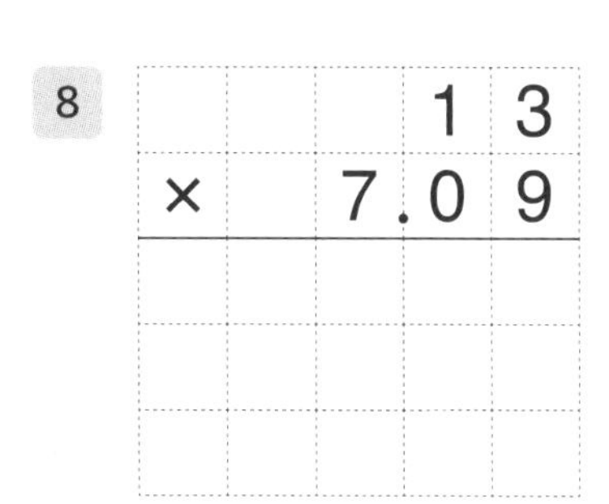

8. 13×7.09

12. 0.06×9.5

응용 UP 소수의 곱셈 종합 ①

DAY 34

| 1단위를 이용한 곱셈 문제 |

1 굵기가 일정한 철근 1 m의 무게가 2.4 kg입니다. 이 철근 3.5 m의 무게는 몇 kg인지 구하세요.

식

답 ______

2 1 L의 페인트로 4.52 m^2의 벽을 칠할 수 있다고 합니다. 7 L의 페인트로 칠할 수 있는 벽의 넓이는 몇 m^2인지 구하세요.

식

답 ______

3 굵기가 일정한 통나무 1 m의 무게는 6.75 kg입니다. 이 통나무 500 m의 무게는 몇 kg인지 구하세요.

식

답 ______

4 어떤 자동차는 1 km를 달리는 데 0.07 L의 휘발유가 필요합니다. 이 자동차가 0.8 km를 달리려면 휘발유가 몇 L 필요한지 구하세요.

식

답 ______

5 1 kg에 15600원 하는 돼지고기 1800 g의 값은 얼마인지 구하세요.

답 ______

DAY 35

소수의 곱셈 종합②

연산

1

			0.	5
×			1	1

5

			0.	7
×			0.	9

9

		0.	8	6
×			0.	3

2

				3
×		0.	2	6

6

		0.	0	4
×		0.	0	2

10

			0.	9
×		0.	1	5

3

		1.	7	7
×			4	2

7

		8.	3	1
×		0.	6	3

11

		4.	8	4
×			3.	9

4

			3	4
×		5.	1	5

8

		2.	7	8
×		3.	5	6

12

		0.	4	5
×			3.	7

응용 UP 소수의 곱셈 종합②

| 환율 문제 |

어느 날 우리나라와 주어진 나라의 환율이 다음과 같을 때, □ 안에 알맞은 수를 구하세요.
(단, 다른 나라 돈으로 바꿀 때 발생하는 수수료는 생각하지 않습니다.)

1

대한민국	=	싱가포르
1000원	=	1.17달러

- 우리나라 돈 5000원을 싱가포르 돈으로 모두 바꾸면 □달러입니다.

➡ 5000원은 1000원의 5배이므로
$1.17 \times 5 = 5.85$(달러)

답 5.85

3

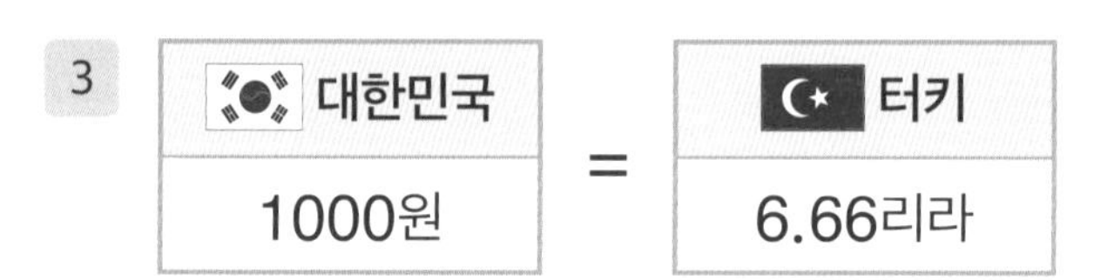

대한민국	=	터키
1000원	=	6.66리라

- 우리나라 돈 7000원을 터키 돈으로 모두 바꾸면 □리라입니다.

답 ______

2

대한민국	=	태국
1000원	=	27.03바트

- 우리나라 돈 6000원을 태국 돈으로 모두 바꾸면 □바트입니다.

답 ______

4

대한민국	=	말레이시아
1000원	=	3.56링깃

- 우리나라 돈 50000원을 말레이시아 돈으로 모두 바꾸면 □링깃입니다.

답 ______

DAY 36 소수의 곱셈 종합③

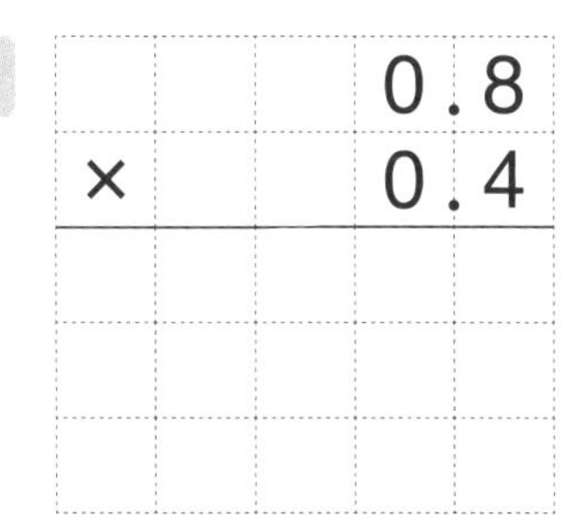

연산

1
$$\begin{array}{r} 0.6 \\ \times \quad 13 \\ \hline \end{array}$$

2
$$\begin{array}{r} 4 \\ \times \quad 0.4 \\ \hline \end{array}$$

3
$$\begin{array}{r} 1.12 \\ \times \quad 0.14 \\ \hline \end{array}$$

4
$$\begin{array}{r} 7.51 \\ \times \quad 9 \\ \hline \end{array}$$

5
$$\begin{array}{r} 13 \\ \times \quad 5.3 \\ \hline \end{array}$$

6
$$\begin{array}{r} 1.51 \\ \times \quad 1.02 \\ \hline \end{array}$$

7
$$\begin{array}{r} 4.5 \\ \times \quad 29 \\ \hline \end{array}$$

8
$$\begin{array}{r} 38 \\ \times \quad 7.95 \\ \hline \end{array}$$

9
$$\begin{array}{r} 0.8 \\ \times \quad 0.4 \\ \hline \end{array}$$

10
$$\begin{array}{r} 5.6 \\ \times \quad 7 \\ \hline \end{array}$$

11
$$\begin{array}{r} 32 \\ \times \quad 0.23 \\ \hline \end{array}$$

12
$$\begin{array}{r} 6.9 \\ \times \quad 2.91 \\ \hline \end{array}$$

응용 up 소수의 곱셈 종합③

DAY 36

| 소수로 나타낸 시간의 곱셈 문제 |

1 승우는 이번 주 월요일부터 금요일까지 하루에 1시간 30분씩 책을 읽었습니다. 승우가 이번 주에 책을 읽은 시간은 모두 몇 시간인지 구하세요.

➡ 1시간 30분 = 1.5시간이고,
월요일부터 금요일까지 5일이므로
1.5 × 5 = 7.5(시간)

답 7.5시간

2 은빈이는 매일 30분씩 피아노 연습을 합니다. 은빈이가 일주일 동안 피아노 연습을 한 시간은 모두 몇 시간인지 구하세요.

답 ____________

3 일정한 빠르기로 1시간에 9 cm씩 타는 양초가 있습니다. 이 양초가 15분 동안 탄 길이는 모두 몇 cm인지 구하세요.

답 ____________

4 1분에 3.2 L의 물이 일정하게 나오는 수도가 있습니다. 이 수도로 2분 30초 동안 물을 받으면 모두 몇 L의 물을 받을 수 있는지 구하세요.

답 ____________

5 일정한 빠르기로 1분에 1.8 km를 가는 자동차가 있습니다. 이 자동차가 5분 15초 동안 간 거리는 모두 몇 km인지 구하세요.

답 ____________

DAY 37

소수의 곱셈 종합④

연산 up

곱하는 두 수의 순서를 바꾸어 계산하세요.

1 0.3×17 ← 두 수를 바꾸어 곱해도 곱은 같아.

$=$ 17 $\times$ 0.3

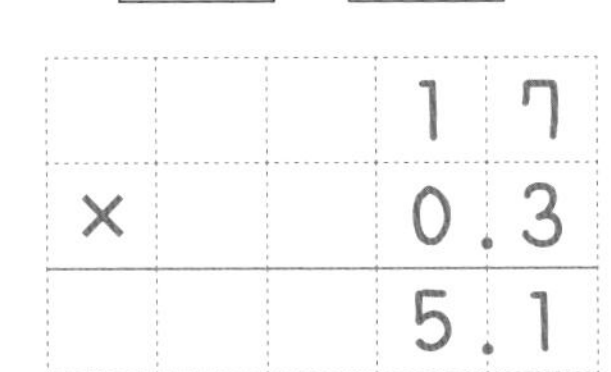

두 수를 바꾸어 계산했더니 더 간단해졌어!

2 2.6×506

$=$ ☐ $\times$ ☐

3 0.4×819

$=$ ☐ $\times$ ☐

4 6×2.9

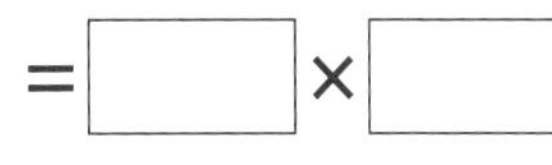

$=$ ☐ $\times$ ☐

5 4×9.03

$=$ ☐ $\times$ ☐

6 12×7.46

$=$ ☐ $\times$ ☐

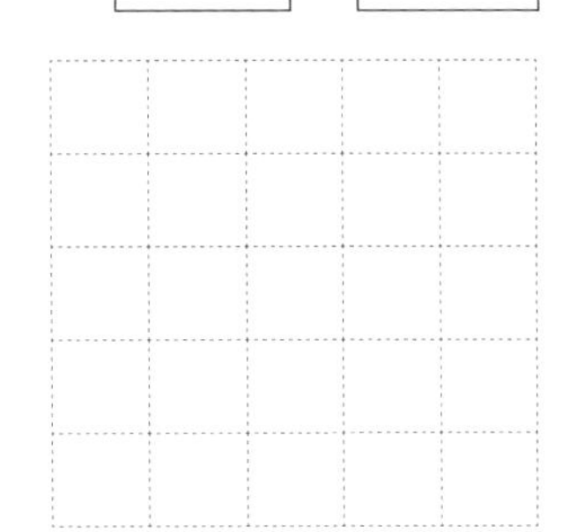

7 0.8×0.49

$=$ ☐ $\times$ ☐

8 0.4×1.25

$=$ ☐ $\times$ ☐

9 1.7×7.23

$=$ ☐ $\times$ ☐

응용 up 소수의 곱셈 종합④

| 수 카드로 곱 구하는 문제 |

주어진 4장의 수 카드를 □ 안에 한 번씩 모두 넣어 조건에 알맞은 곱셈식을 만들고, 곱을 구하세요.

1 수 카드: 2, 4, 5, 9

곱이 가장 큰 곱셈식:

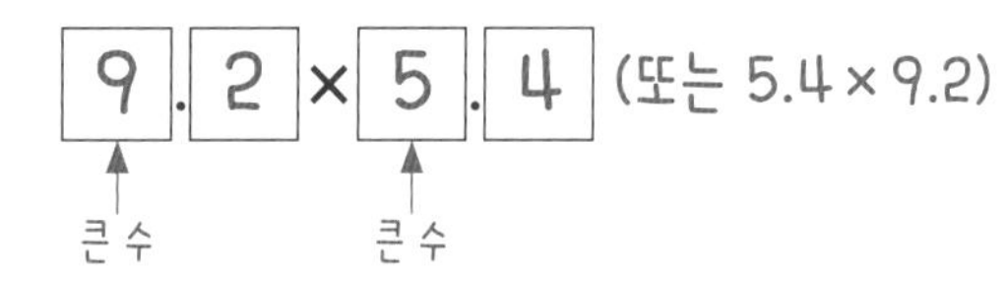

(또는 5.4 × 9.2)

➡ 9.2 × 5.4 = 49.68
9.4 × 5.2 = 48.88

답 49.68

2 수 카드: 1, 3, 7, 8

곱이 가장 큰 곱셈식:

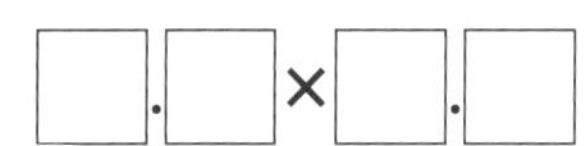

답 ______

3 수 카드: 5, 6, 8, 9

곱이 가장 큰 곱셈식:

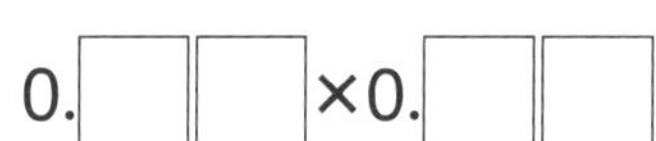

답 ______

4 수 카드: 1, 2, 6, 7

곱이 가장 작은 곱셈식:

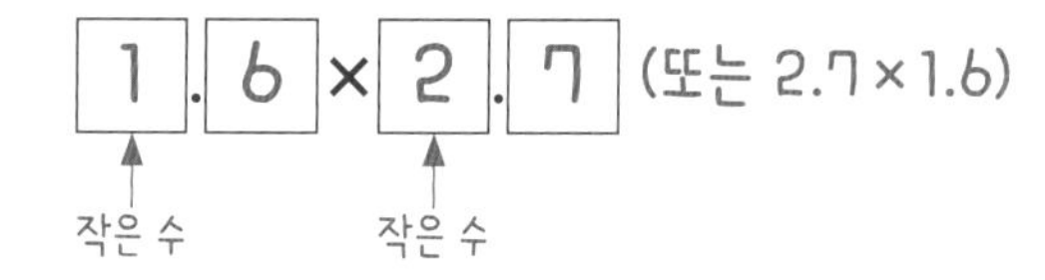

(또는 2.7 × 1.6)

➡ 1.6 × 2.7 = 4.32
1.7 × 2.6 = 4.42

답 4.32

5 수 카드: 4, 6, 7, 9

곱이 가장 작은 곱셈식:

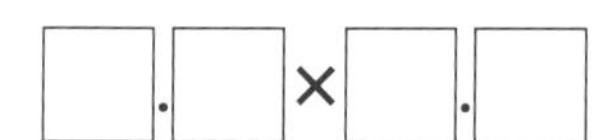

답 ______

6 수 카드: 2, 3, 5, 8

곱이 가장 작은 곱셈식:

답 ______

곱의 소수점 위치① 10, 100, 1000 곱하기

연산 up

1. $0.587\times10=0.5\,8\,7$ (0이 한 개, 한 자리)
   $0.587\times100=0.5\,8\,7$ (0이 두 개, 두 자리)
   $0.587\times1000=0.5\,8\,7.$ (0이 세 개, 세 자리)

2. $7.319\times10=$
   $7.319\times100=$
   $7.319\times1000=$

3. $0.07\times10=$
   $0.07\times100=$
   $0.07\times1000=$

4. $0.2\times10=$
   $0.2\times100=$
   $0.2\times1000=$

5. $3.54\times10=$
   $3.54\times100=$
   $3.54\times1000=$

6. $1.6\times10=$
   $1.6\times100=$
   $1.6\times1000=$

7. $9.5\times10=$
   $9.5\times100=$
   $9.5\times1000=$

8. $40.3\times10=$
   $40.3\times100=$
   $40.3\times1000=$

9. $3.54\times10=$
   $3.54\times100=$
   $3.54\times1000=$

10. $10.68\times10=$
    $10.68\times100=$
    $10.68\times1000=$

응용 up 곱의 소수점 위치①

1 초콜릿 1개의 무게는 6.2 g입니다.
똑같은 초콜릿 100개의 무게는 몇 g인지 구하세요.

식

답 ____________

2 골프공 1개의 무게는 45.7 g입니다.
똑같은 골프공 1000개의 무게는 몇 g인지 구하세요.

식

답 ____________

3 책 1권의 무게는 0.65 kg입니다.
똑같은 책 1000권의 무게는 몇 kg인지 구하세요.

식

답 ____________

4 쿠키 10개의 무게는 0.047 kg입니다.
똑같은 쿠키 100개의 무게는 몇 kg인지 구하세요.

답 ____________

5 창민이는 1.2 L짜리 음료수를 100병 샀고,
윤주는 0.19 L짜리 음료수를 1000병 샀습니다.
누가 산 음료수의 양이 더 많은지 구하세요.

답 ____________

DAY 39

곱의 소수점 위치② 0.1, 0.01, 0.001 곱하기

연산

1. $369 \times 0.1 =$ 3 6.9.
소수 한 자리 한 자리
$369 \times 0.01 =$ 3.6 9.
소수 두 자리 두 자리
$369 \times 0.001 =$ 0.3 6 9.
소수 세 자리 세 자리

2. $715 \times 0.1 =$
$715 \times 0.01 =$
$715 \times 0.001 =$

3. $26 \times 0.1 =$
$26 \times 0.01 =$
$26 \times 0.001 =$

4. $8 \times 0.1 =$
$8 \times 0.01 =$
$8 \times 0.001 =$

5. $14 \times 0.1 =$
$14 \times 0.01 =$
$14 \times 0.001 =$

6. $50 \times 0.1 =$
$50 \times 0.01 =$
$50 \times 0.001 =$

7. $670 \times 0.1 =$
$670 \times 0.01 =$
$670 \times 0.001 =$

8. $903 \times 0.1 =$
$903 \times 0.01 =$
$903 \times 0.001 =$

9. $1148 \times 0.1 =$
$1148 \times 0.01 =$
$1148 \times 0.001 =$

10. $2030 \times 0.1 =$
$2030 \times 0.01 =$
$2030 \times 0.001 =$

응용 up 곱의 소수점 위치②

1 어느 문방구에서는 산 금액의 0.01만큼을 포인트로 적립해 줍니다. 효진이가 이 문방구에서 500원짜리 물건을 샀다면 이번에 적립되는 포인트는 몇 점인지 구하세요.

식

답 ______________

2 어느 가게에서는 산 금액의 0.001만큼을 포인트로 적립해 줍니다. 태형이가 이 가게에서 6400원짜리 물건을 샀다면 이번에 적립되는 포인트는 몇 점인지 구하세요.

식

답 ______________

3 어느 편의점에서는 산 금액의 0.01만큼을 할인해 줍니다. 은수가 이 편의점에서 7000원짜리 물건을 샀다면 이번에 할인되는 금액은 얼마인지 구하세요.

식

답 ______________

4 어느 백화점에서는 산 금액의 0.1만큼을 할인해 줍니다. 진하 어머니께서 이 백화점에서 52000원짜리 물건을 샀다면 이번에 할인되는 금액은 얼마인지 구하세요.

식

답 ______________

5 어느 전자제품 판매점에서는 산 금액의 0.01만큼을 적립금으로 적립해 줍니다. 채원이 아버지께서 이 전자제품 판매점에서 280만 원짜리 물건을 샀다면 이번에 적립되는 적립금은 얼마인지 구하세요.

식

답 ______________

곱의 소수점 위치③

(소수)×(소수)에서 곱의 소수점 위치 연산

주어진 식을 이용하여 곱을 구하세요.

1

$16 \times 97 = 1552$

$1.6 \times 9.7 = 15.52$ (한 자리, 한 자리 → 두 자리)

$1.6 \times 0.97 = 1.552$ (한 자리, 두 자리 → 세 자리)

$0.16 \times 0.97 = 0.1552$ (두 자리, 두 자리 → 네 자리)

2

$41 \times 22 = 902$

$4.1 \times 2.2 =$

$0.41 \times 2.2 =$

$0.41 \times 0.22 =$

3

$82 \times 7 = 574$

$8.2 \times 0.7 =$

$8.2 \times 0.07 =$

$0.82 \times 0.07 =$

4

$159 \times 53 = 8427$

$15.9 \times 5.3 =$

$1.59 \times 5.3 =$

$1.59 \times 0.53 =$

5

$9 \times 4 = 36$

$0.9 \times 0.4 =$

$0.9 \times 0.04 =$

$0.09 \times 0.04 =$

6

$8 \times 31 = 248$

$0.8 \times 3.1 =$

$0.08 \times 3.1 =$

$0.08 \times 0.31 =$

7

$45 \times 62 = 2790$

$4.5 \times 6.2 =$

$4.5 \times 0.62 =$

$0.45 \times 0.62 =$

8

$108 \times 75 = 8100$

$10.8 \times 7.5 =$

$1.08 \times 7.5 =$

$1.08 \times 0.75 =$

응용 up 곱의 소수점 위치③

주어진 식을 이용하여 □ 안에 알맞은 수를 써넣어 곱셈식을 완성하세요.

1 $485 \times 13 = 6305$

(1) $4.85 \times$ [1.3] $= 6.305$

소수 두 자리 수 + 소수 ? 자리 수 → 소수 세 자리 수

(2) [4.85] $\times 0.13 = 0.6305$

소수 ? 자리 수 + 소수 두 자리 수 → 소수 네 자리 수

2 $627 \times 94 = 58938$

(1) $62.7 \times$ □ $= 589.38$

(2) □ $\times 9.4 = 58.938$

3 $52 \times 108 = 5616$

(1) $0.52 \times$ □ $= 0.5616$

(2) □ $\times 10.8 = 5.616$

4 $76 \times 25 = 1900$

(1) $7.6 \times$ □ $= 19$

(2) □ $\times 2.5 = 1.9$

소수점 아래 끝자리 0은
생략하여 나타낼 수 있어!

5 $34 \times 43 = 1462$

(1) $0.34 \times$ □ $= 1.462$

(2) □ $\times 0.43 = 1.462$

6 $219 \times 7 = 1533$

(1) $21.9 \times$ □ $= 15.33$

(2) □ $\times 0.07 = 0.1533$

DAY 41

마무리 확인

연산 평가 up

1 계산하세요.

(1)
$$\begin{array}{r} 0.6 \\ \times \quad 4 \\ \hline \end{array}$$

(2)
$$\begin{array}{r} 11 \\ \times \ 0.3 \\ \hline \end{array}$$

(3)
$$\begin{array}{r} 9.1 \\ \times \ 0.8 \\ \hline \end{array}$$

(4)
$$\begin{array}{r} 0.31 \\ \times \quad 7 \\ \hline \end{array}$$

(5)
$$\begin{array}{r} 20 \\ \times \ 1.05 \\ \hline \end{array}$$

(6)
$$\begin{array}{r} 0.5 \\ \times \ 2.6 \\ \hline \end{array}$$

(7) $0.03 \times 0.09 =$

(8) $5.76 \times 9.5 =$

(9) $0.08 \times 10 =$

$0.08 \times 100 =$

$0.08 \times 1000 =$

(10) $753 \times 0.1 =$

$753 \times 0.01 =$

$753 \times 0.001 =$

2 주어진 식을 이용하여 곱을 구하세요.

(1) $16 \times 49 = 784$

$1.6 \times 4.9 =$

$0.16 \times 4.9 =$

$0.16 \times 0.49 =$

(2) $68 \times 5 = 340$

$6.8 \times 0.5 =$

$6.8 \times 0.05 =$

$0.68 \times 0.05 =$

마무리 확인

3 주어진 식을 이용하여 □ 안에 알맞은 수를 써넣어 곱셈식을 완성하세요.

$15 \times 217 = 3255$

(1) $1.5 \times \square = 3.255$

(2) $\square \times 2.17 = 0.3255$

4 동훈이가 빵을 만들기 위해 우유가 2 L의 0.55만큼 필요합니다. 필요한 우유의 양은 몇 L인지 구하세요.

식 ______________________

( )

5 소혜는 매일 1.95 km씩 달립니다. 소혜가 일주일 동안 달린 거리는 몇 km인지 구하세요.

식 ______________________

( )

6 굵기가 일정한 통나무 1 m의 무게는 7.04 kg입니다. 이 통나무 650 m의 무게는 몇 kg인지 구하세요.

식 ______________________

( )

7 4장의 수 카드를 □ 안에 한 번씩 모두 넣어 곱셈식을 만들려고 합니다. 곱이 가장 큰 곱셈식을 만들고, 곱을 구하세요.

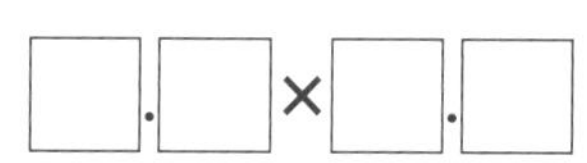

( )

05
직육면체

· 학습계열표 ·

이전에 배운 내용

3-1 평면도형
- 각, 직각
- 직각삼각형, 직사각형, 정사각형

4-2 사각형
- 수직과 수선
- 평행과 평행선

▼

지금 배울 내용

5-2 직육면체
- 직육면체, 정육면체
- 겨냥도, 전개도

▼

앞으로 배울 내용

6-1 각기둥과 각뿔
- 각기둥, 각뿔
- 각기둥의 전개도

• 학습기록표 •

학습 일차	학습 내용	날짜	맞은 개수	
			연산	응용
DAY 42	직육면체의 겨냥도	/	/10	/6
DAY 43	직육면체의 전개도① 평행한 면	/	/8	/6
DAY 44	직육면체의 전개도② 정육면체의 전개도	/	/8	/6
DAY 45	직육면체의 전개도③ 만나는 점, 겹치는 선분	/	/8	/4
DAY 46	마무리 확인	/	/14	

책상에 붙여 놓고
매일매일 기록해요.

5. 직육면체

직육면체

직육면체: 직사각형 6개로 둘러싸인 도형

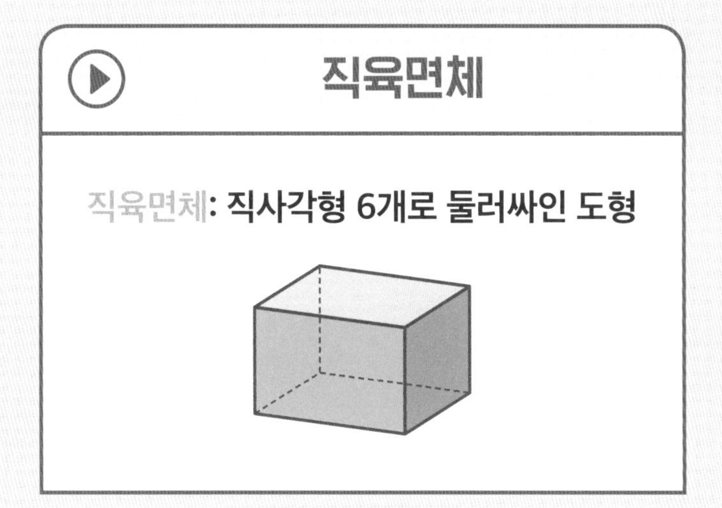

정육면체

정육면체: 정사각형 6개로 둘러싸인 도형

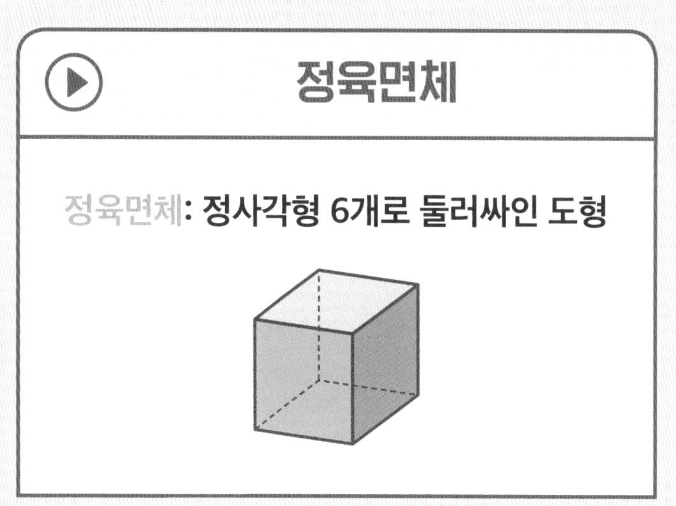

직육면체, 정육면체의 구성 요소

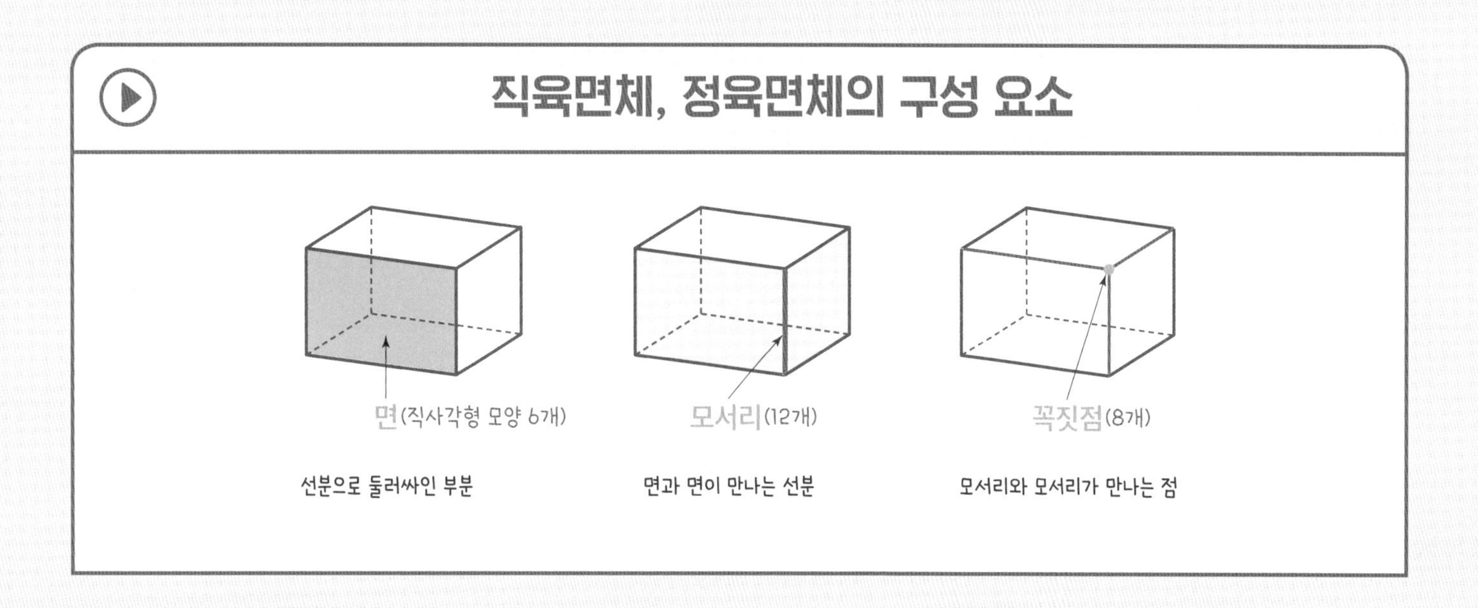

직육면체, 정육면체의 성질

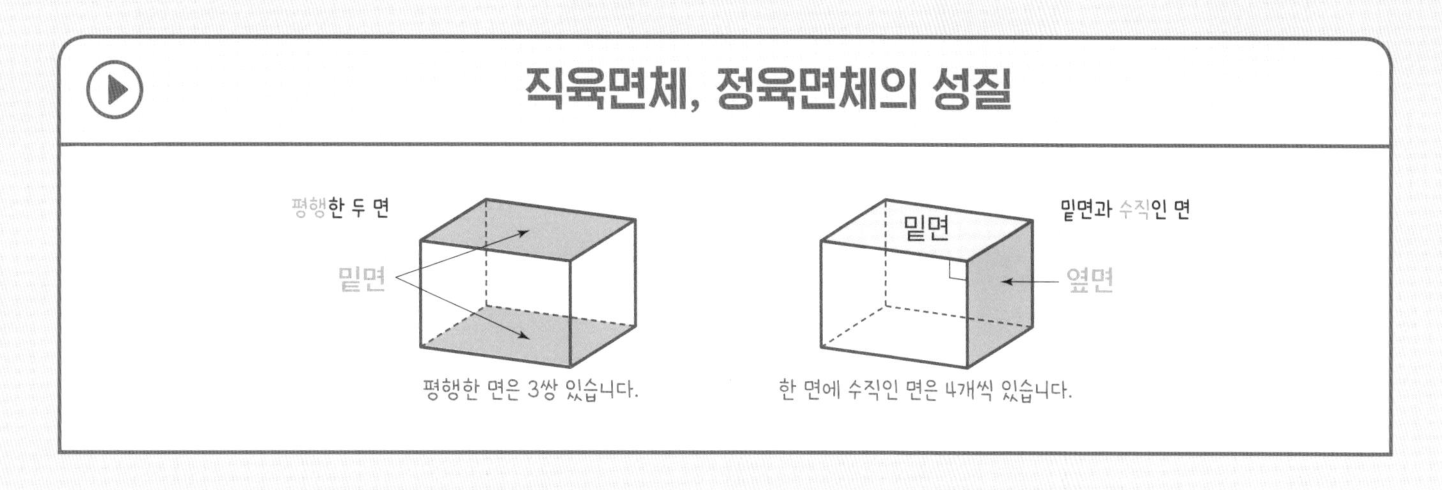

직육면체의 겨냥도

직육면체의 겨냥도: 직육면체 모양을 잘 알 수 있도록 나타낸 그림

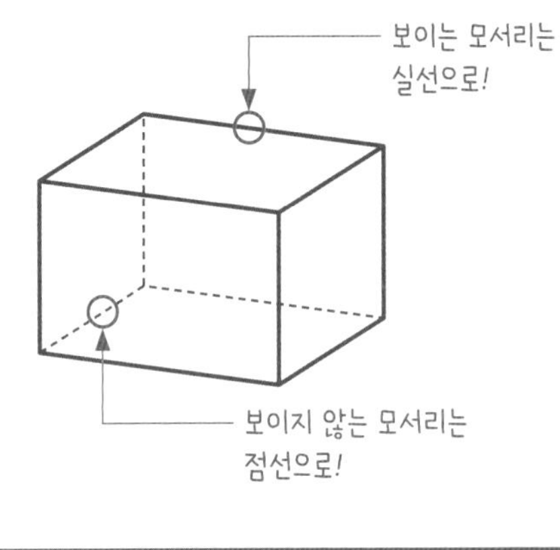

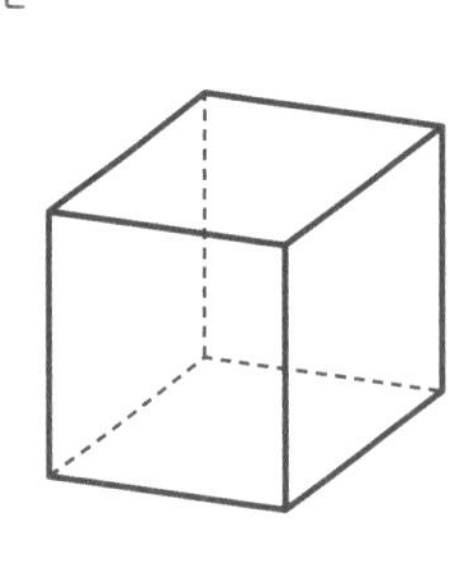

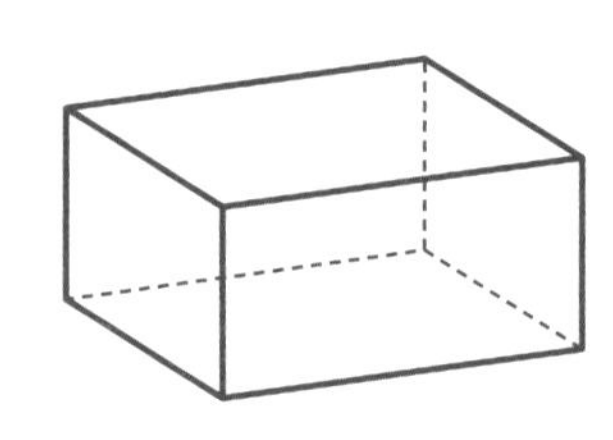

직육면체의 전개도

직육면체의 전개도: 직육면체 또는 정육면체의 모서리를 잘라서 펼친 그림

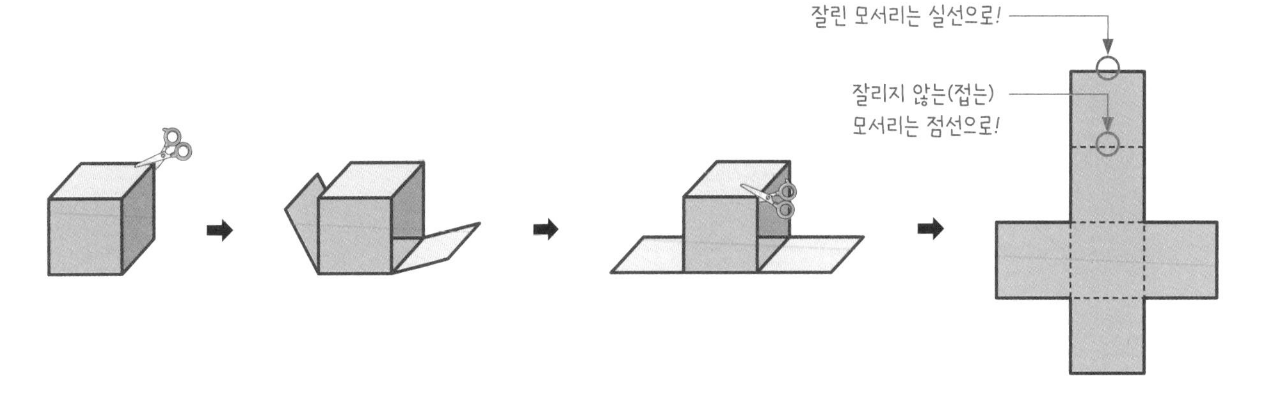

❶ 서로 평행한 면끼리 모양과 크기가 같아야 합니다.

❷ 서로 겹치는 면이 없어야 합니다.

❸ 겹치는 선분의 길이가 같아야 합니다.

직육면체의 겨냥도

연산

길이가 같은 모서리를 찾아 □ 안에 알맞은 수를 써넣으세요.

1

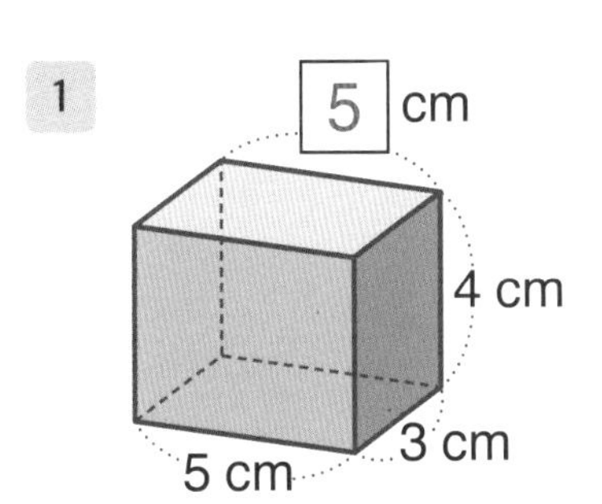

2

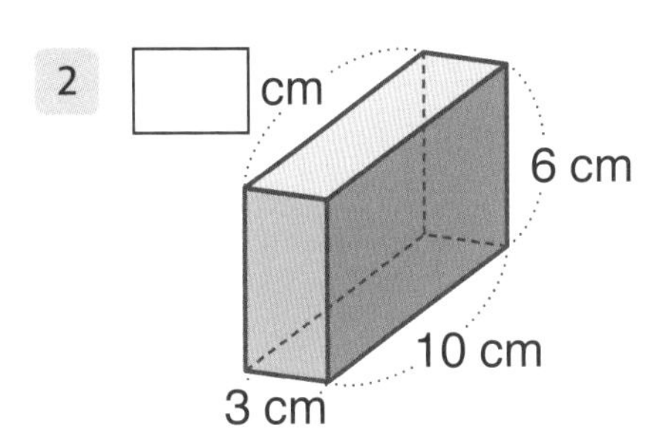

3

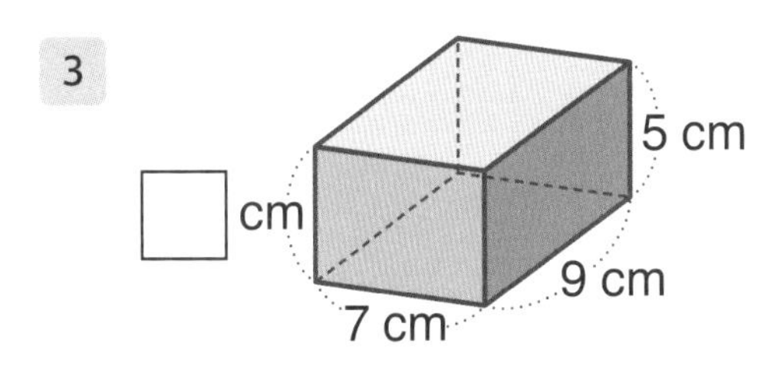

4

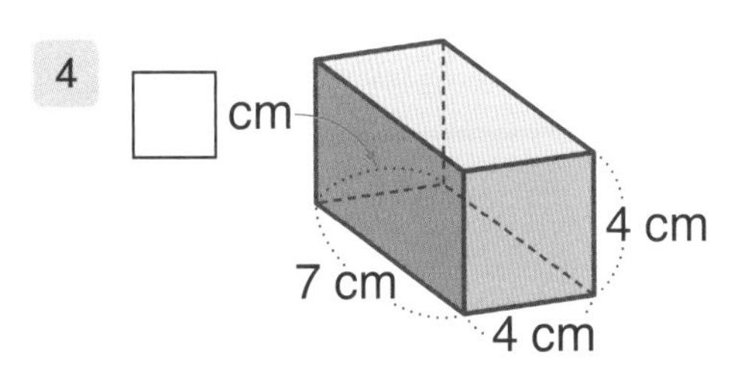

5

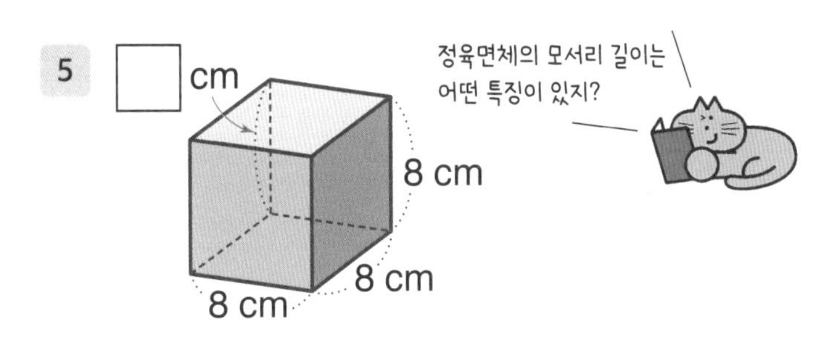

6

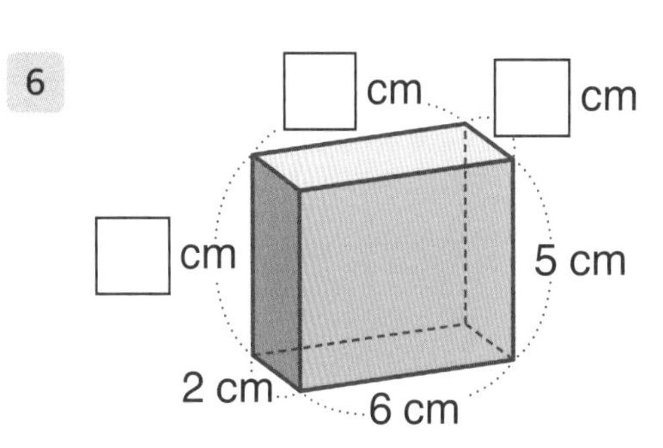

7

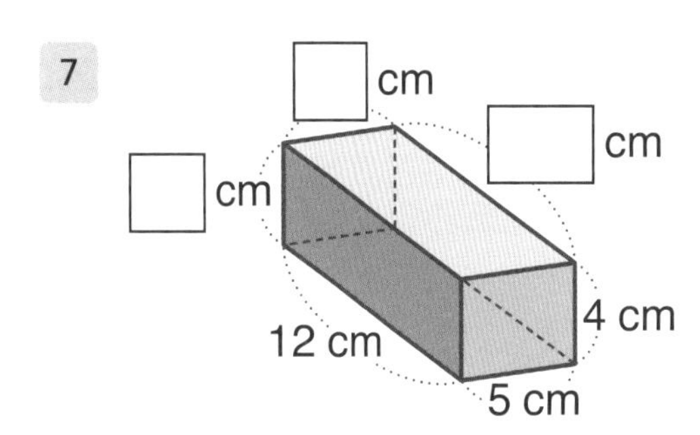

8

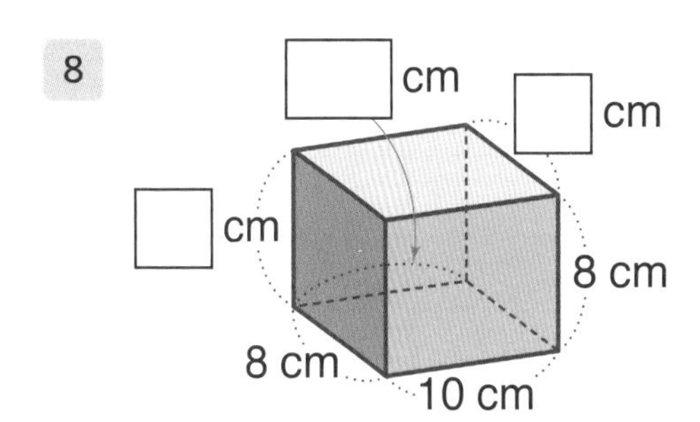

9

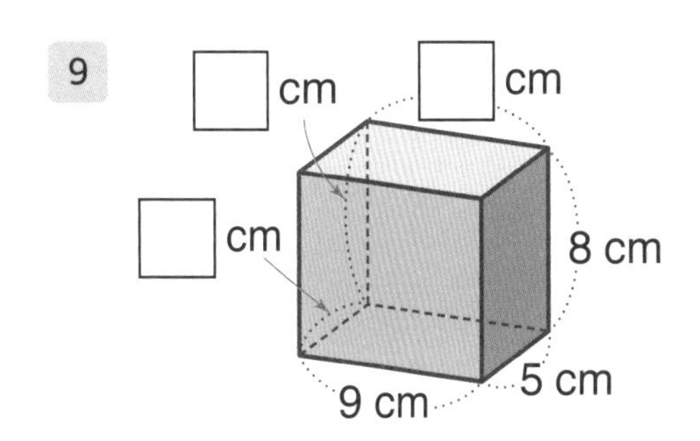

10

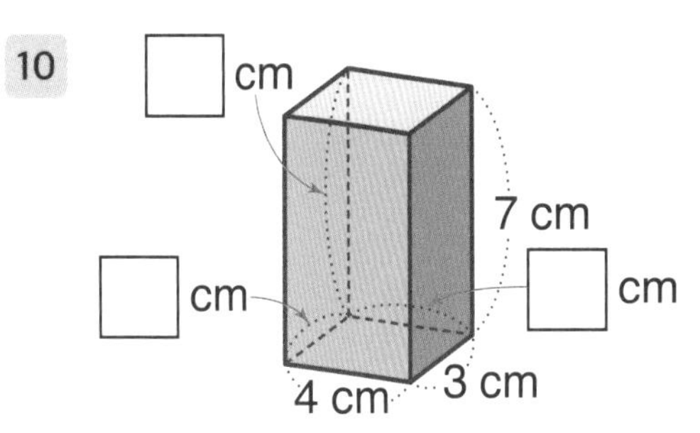

직육면체의 겨냥도

| 상자를 두른 끈의 길이 |

직육면체 모양의 상자를 그림과 같이 끈으로 둘렀습니다. 사용한 끈의 길이를 구하세요.

1

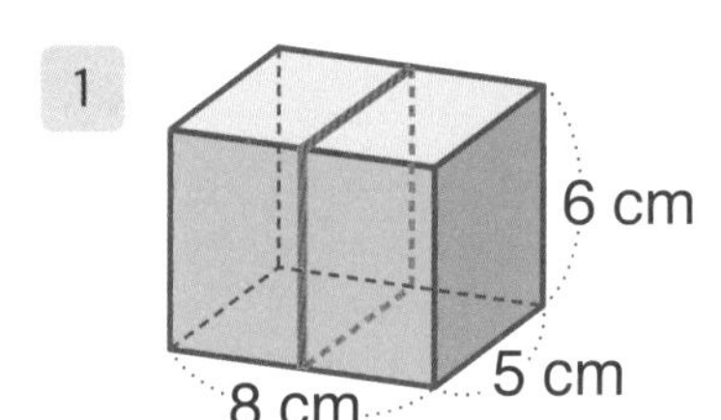

➡ 길이가 5 cm인 모서리: 2번
길이가 6 cm인 모서리: 2번
→ $5 \times 2 + 6 \times 2 = 22$ (cm)

답 22 cm

2

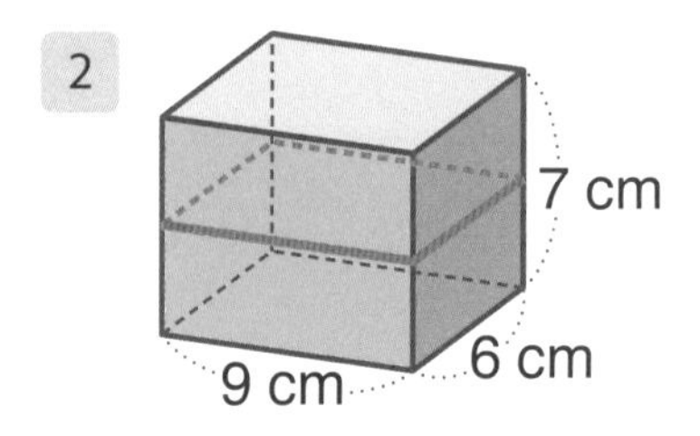

답 ____________

3

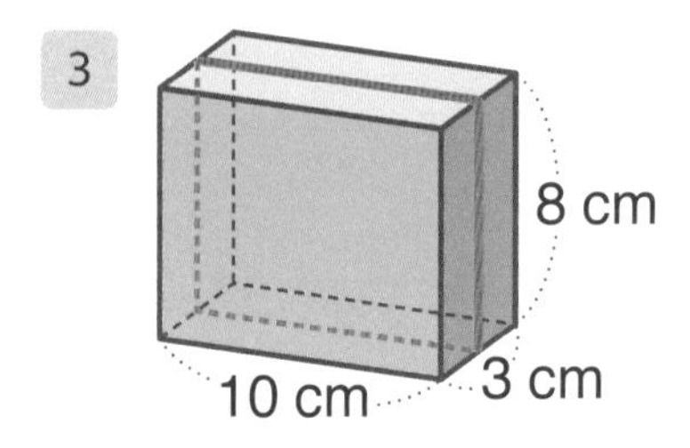

답 ____________

4

5 cm
11 cm
7 cm

답 ____________

5

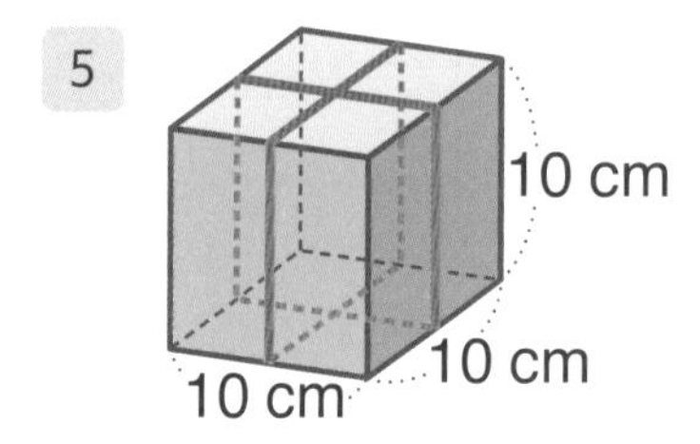

답 ____________

6

8 cm
9 cm
14 cm

답 ____________

직육면체의 전개도 ① 평행한 면

전개도를 접어서 직육면체를 만들었을 때, 색칠한 면과 평행한 면에 색칠하세요.

1

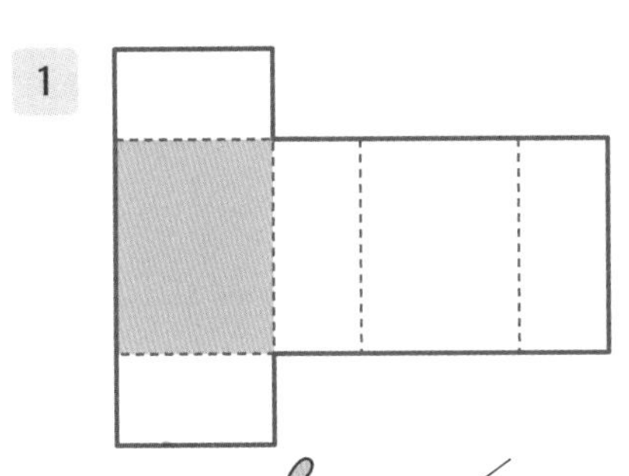

색칠한 면과
서로 마주 보는 면을 찾아!

5

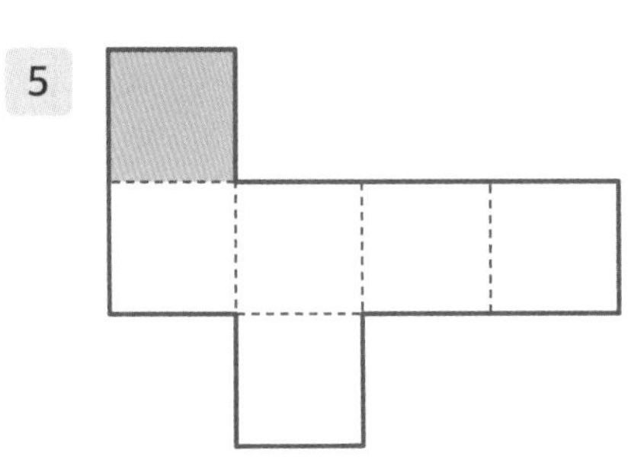

2

6

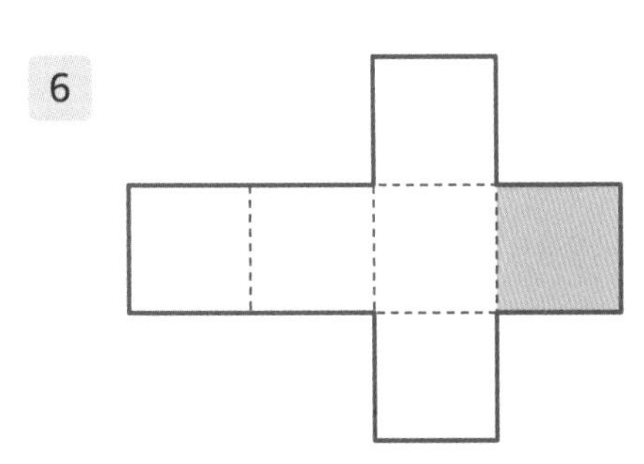

3

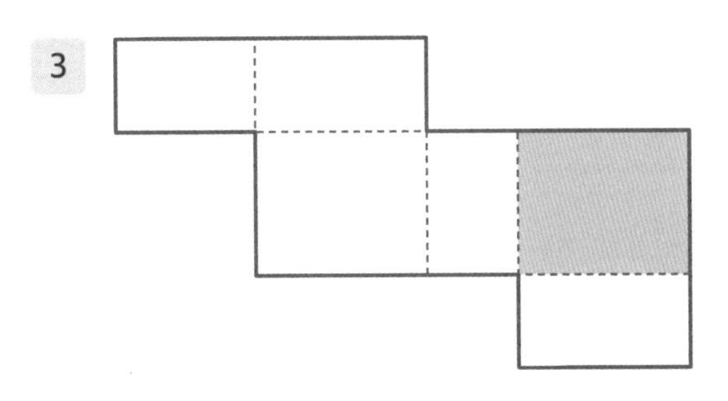

7

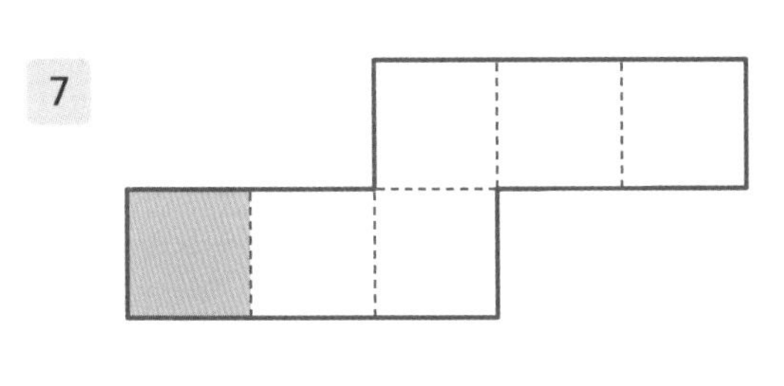

4

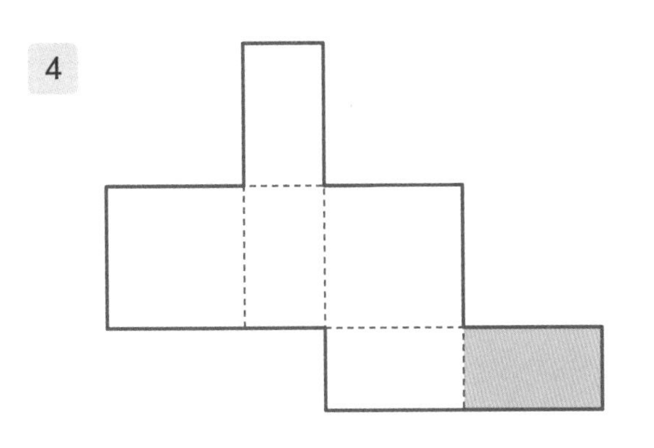

8

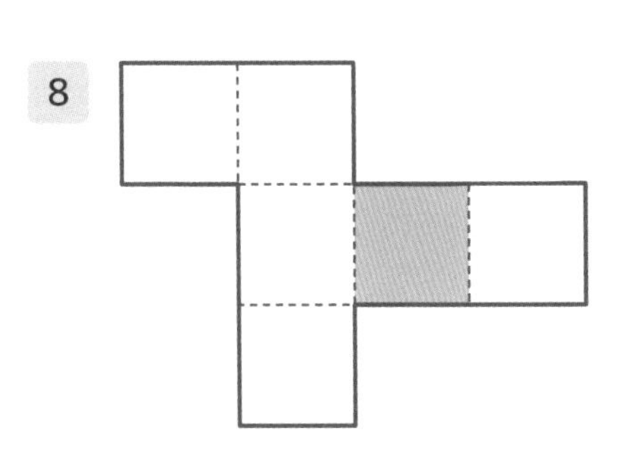

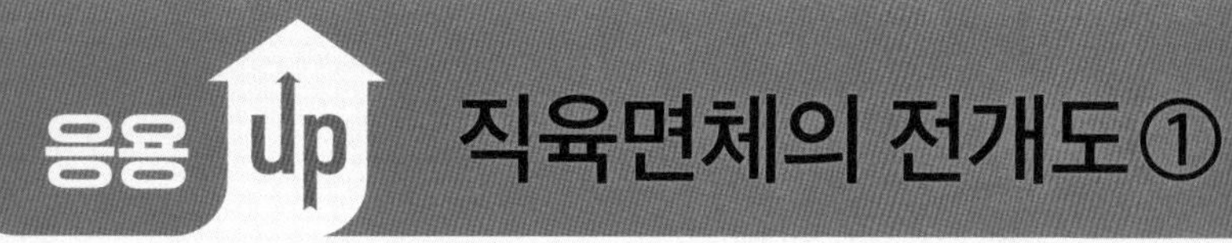

| 주사위 전개도 |

주사위의 마주 보는 면에 있는 눈의 수의 합이 7일 때, 정육면체 모양의 주사위 전개도의 빈 곳에 주사위 눈을 알맞게 그려 넣으세요.

1

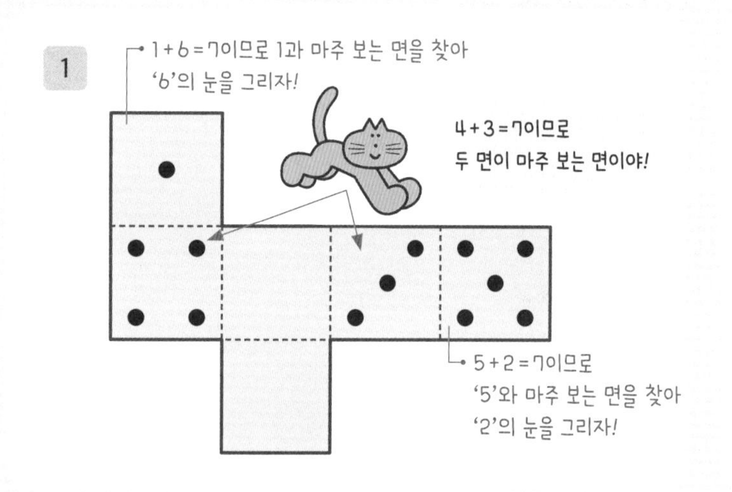

4

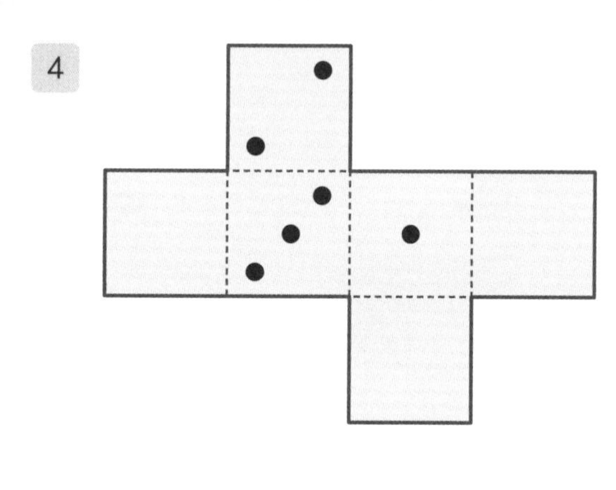

2

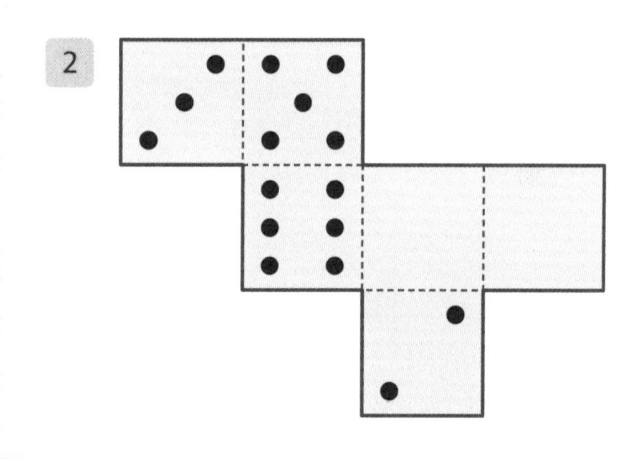

5

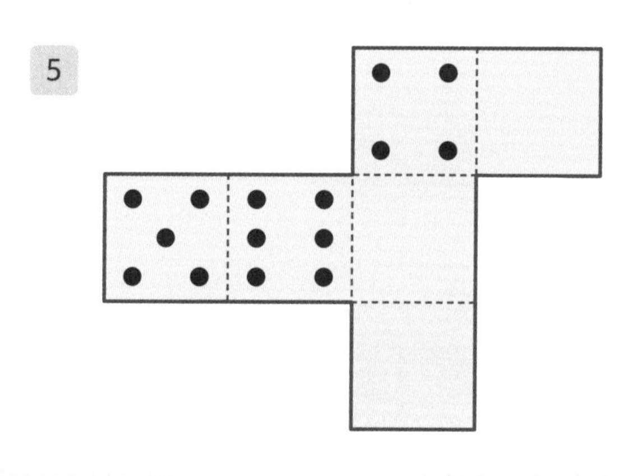

3

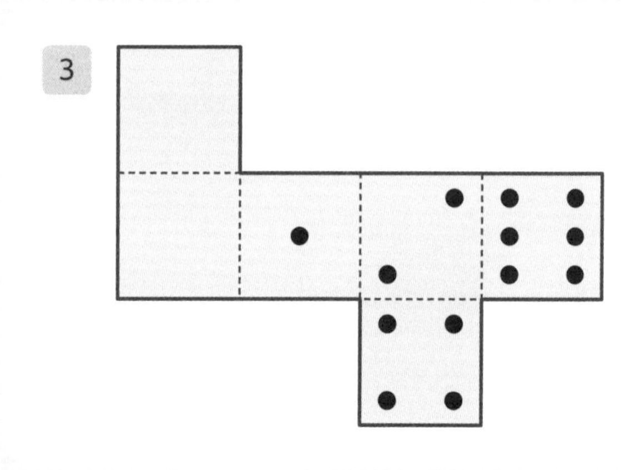

6

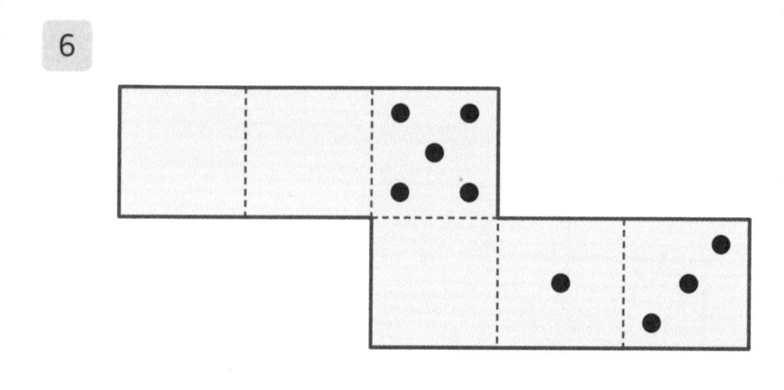

직육면체의 전개도 ② 정육면체의 전개도

연산 up

정육면체의 전개도에 ○표, 정육면체의 전개도가 아닌 것에 ×표 하세요.

1

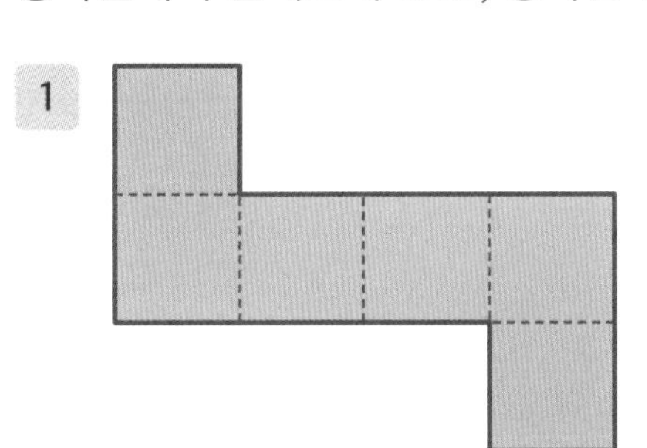

2

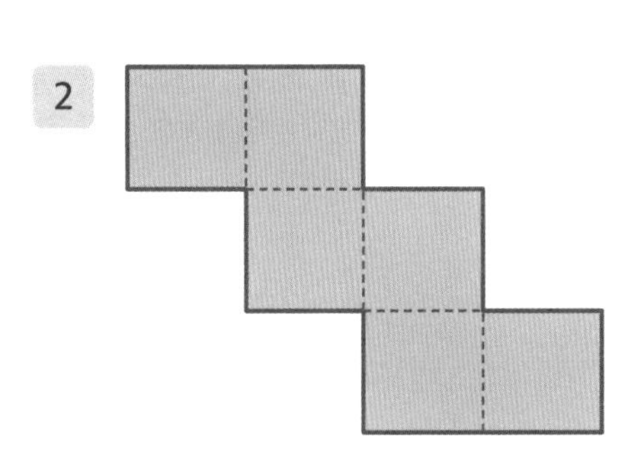

3

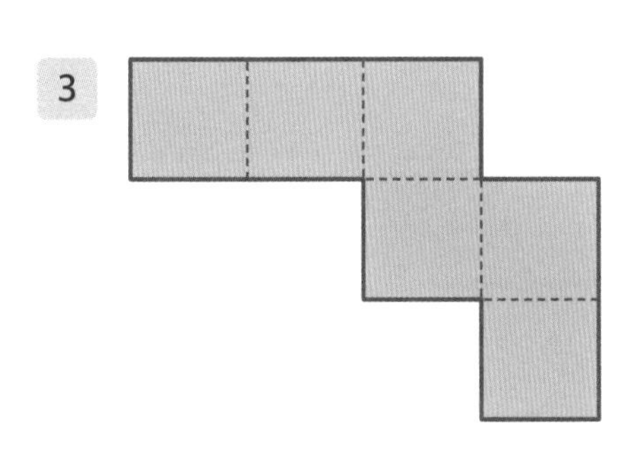

4

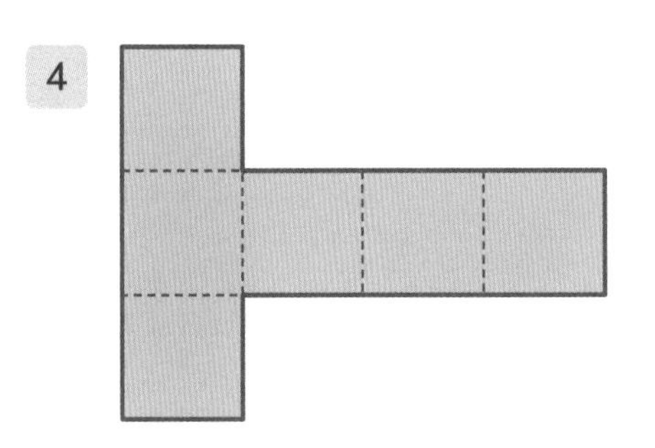

5

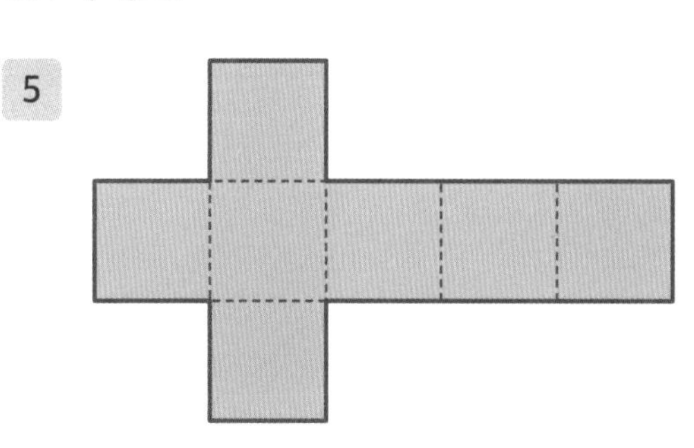

6

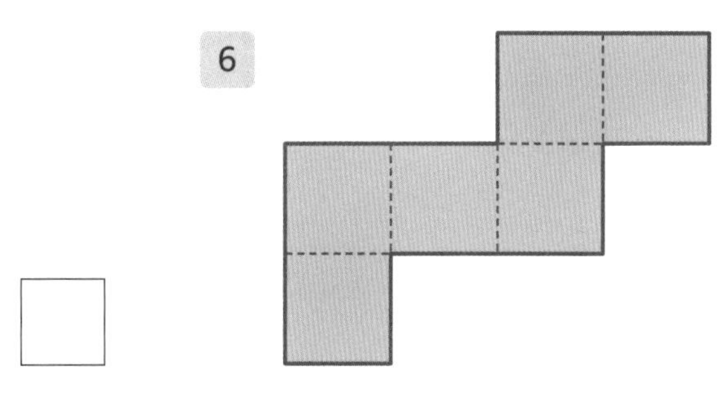

7

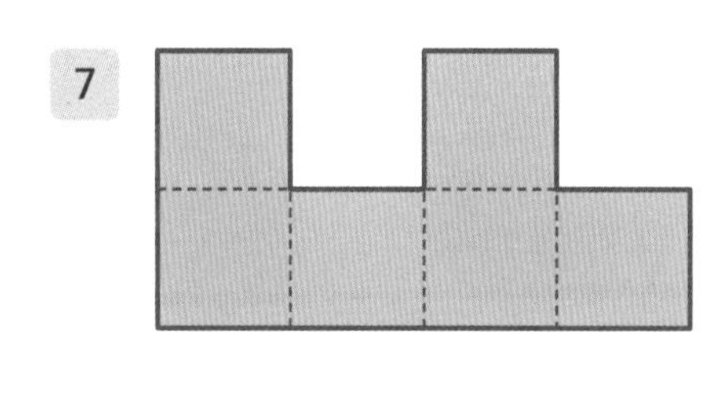

8

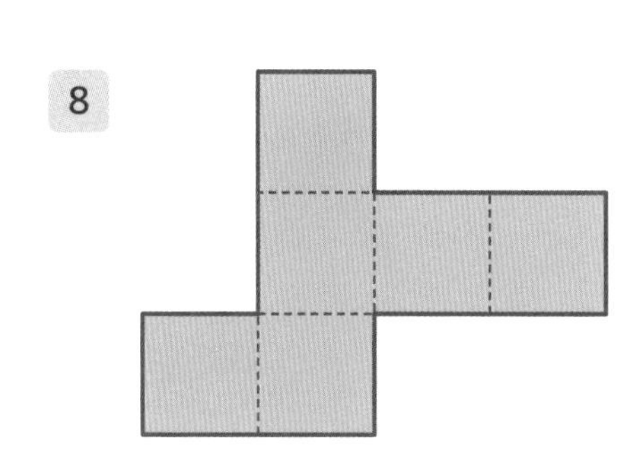

직육면체의 전개도 ②

| 모양과 문자로 만든 주사위 |

주어진 전개도는 어느 정육면체의 전개도인지 찾아 ○표 하세요. (단, 모양 또는 문자의 방향은 생각하지 않습니다.)

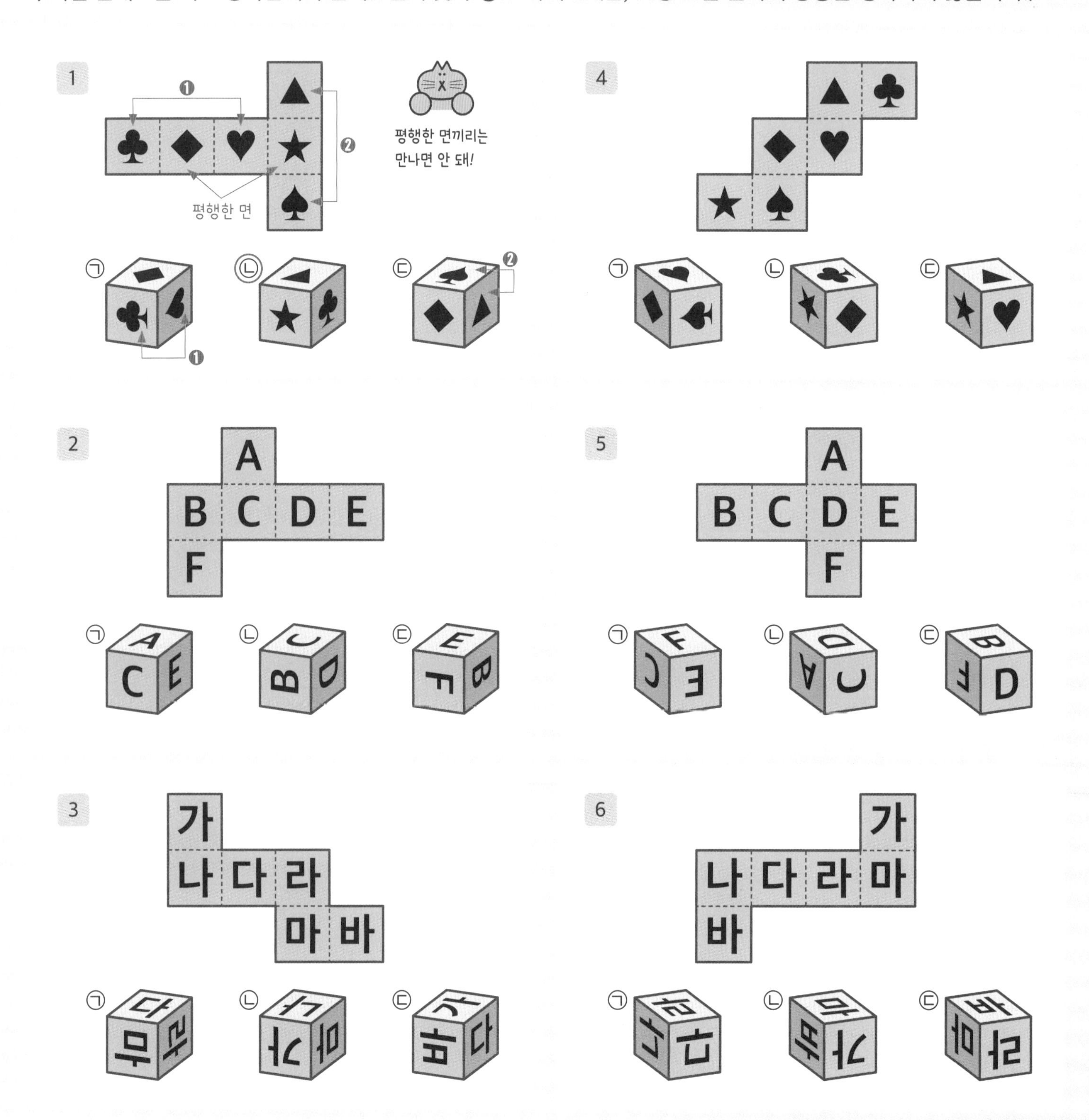

직육면체의 전개도③ 만나는 점, 겹치는 선분

연산

전개도를 접어서 직육면체를 만들었습니다. 빨간색 점과 만나는 점을 모두 찾아 나타내고, 파란색 선분과 겹치는 선분을 찾아 나타내세요.

1

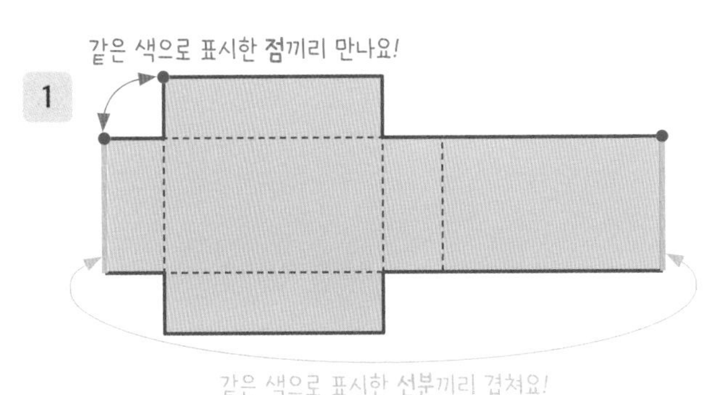

5

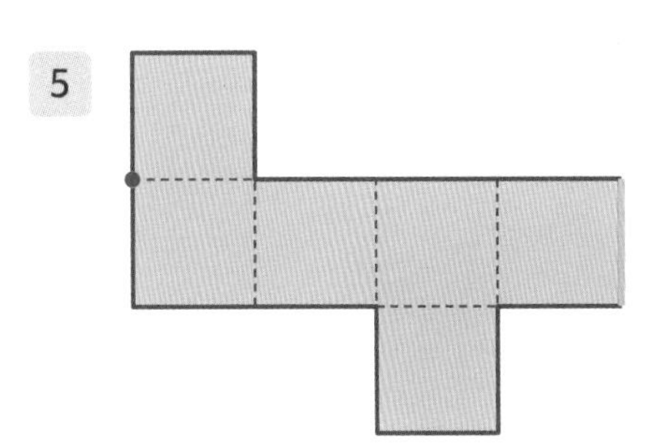

2

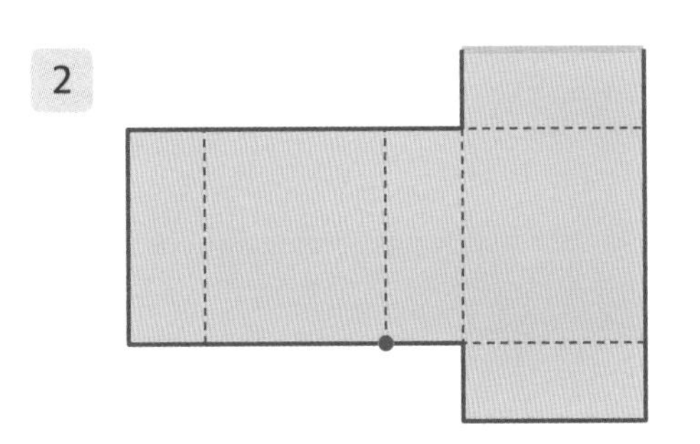

6

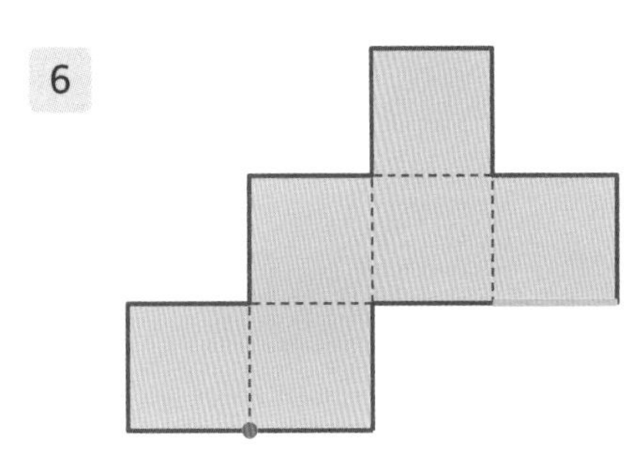

3

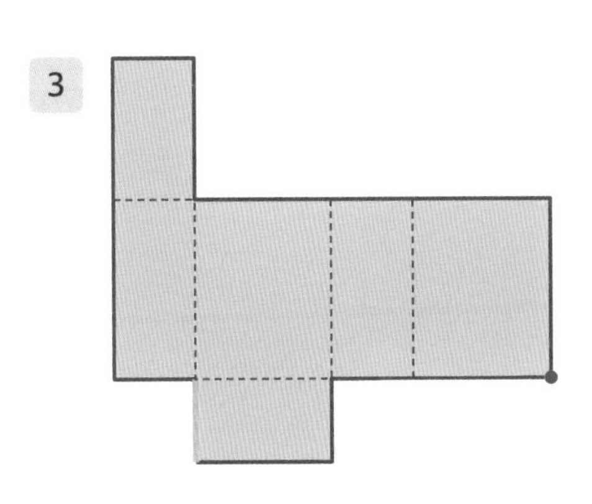

7

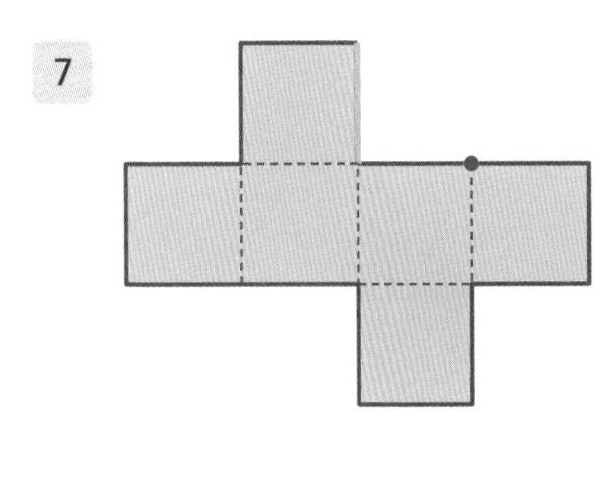

4

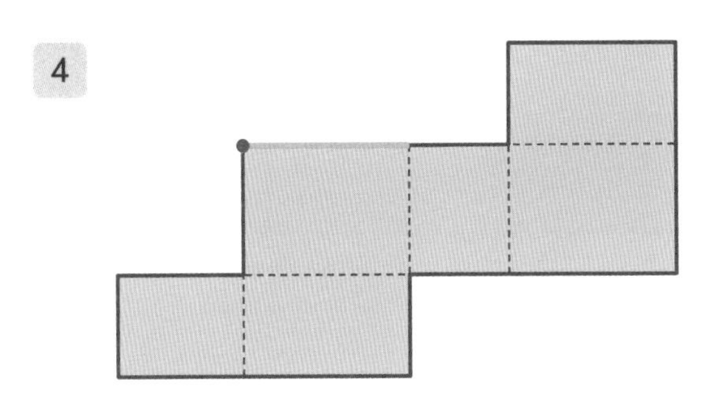

8

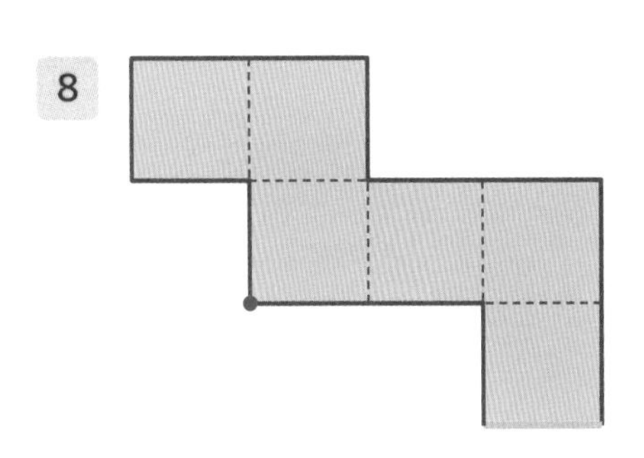

직육면체의 전개도③

| 선이 지나가는 자리 |

그림과 같이 직육면체의 두 면 또는 세 면에 선을 그었습니다. 전개도에 선이 지나가는 자리를 나타내세요.

1

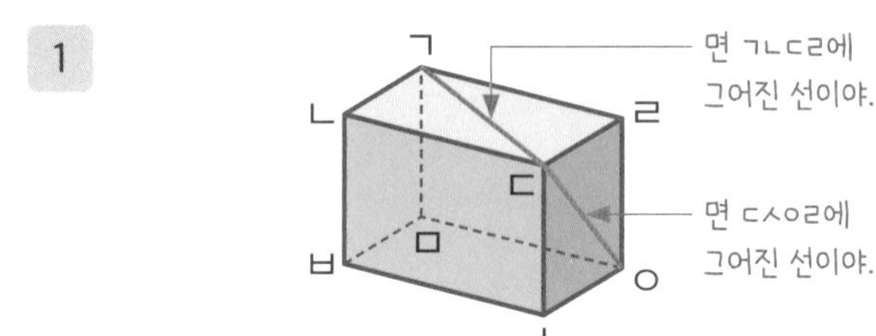

3

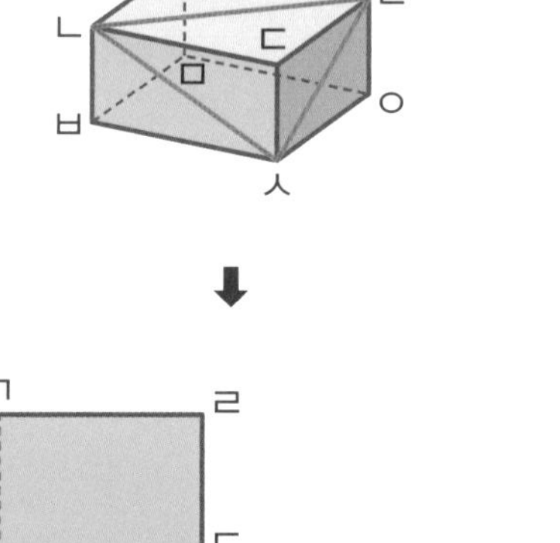

2

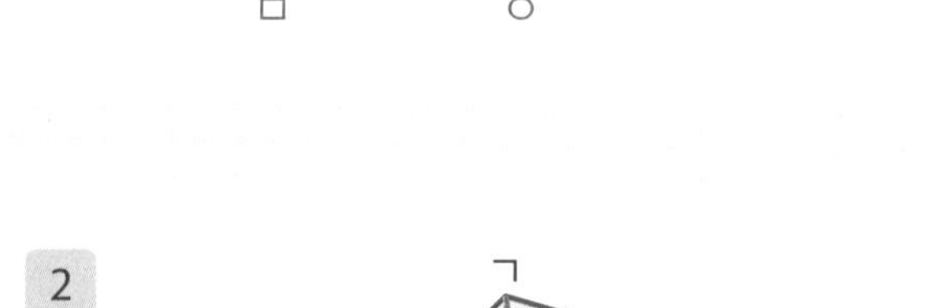

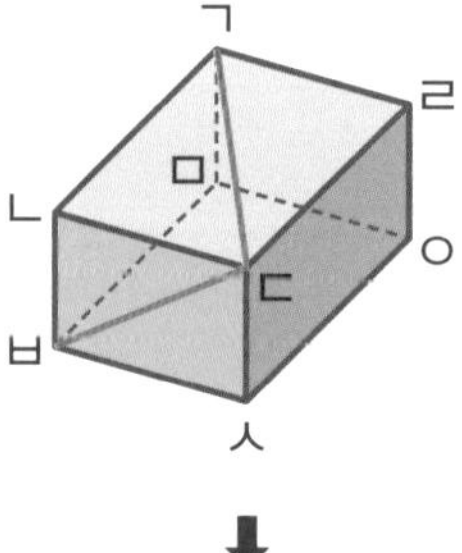

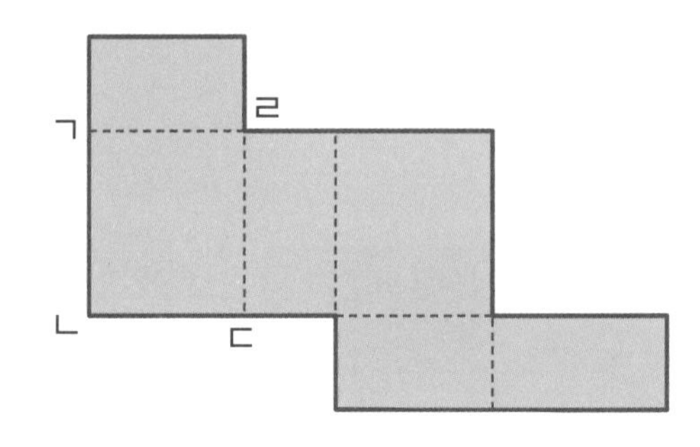

4

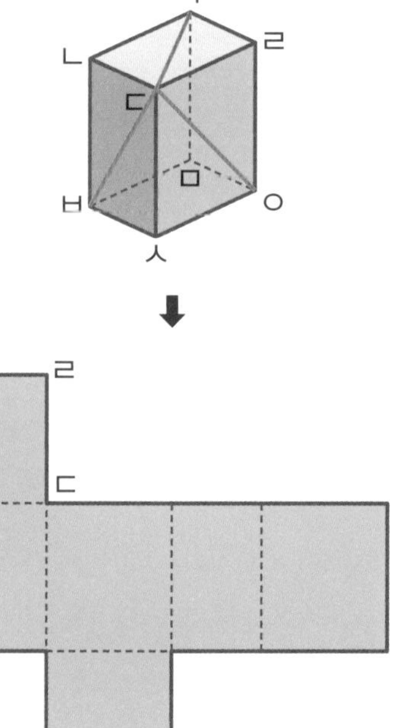

마무리 확인

연산 평가 up

1 길이가 같은 모서리를 찾아 □ 안에 알맞은 수를 써넣으세요.

(1)

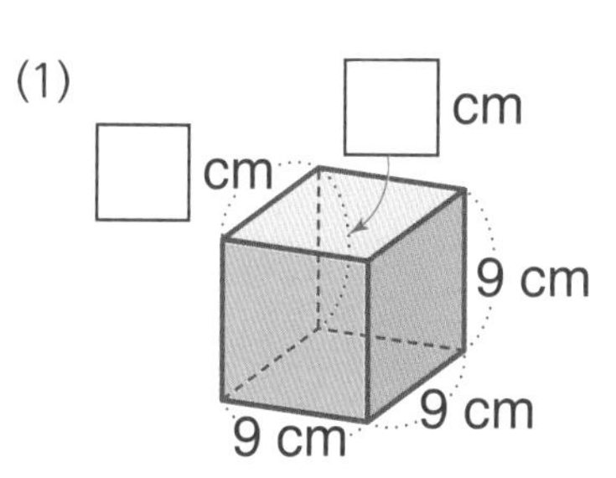

(2)

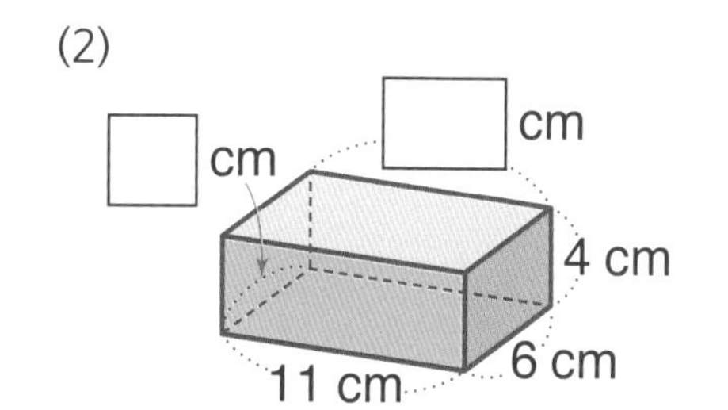

(3)

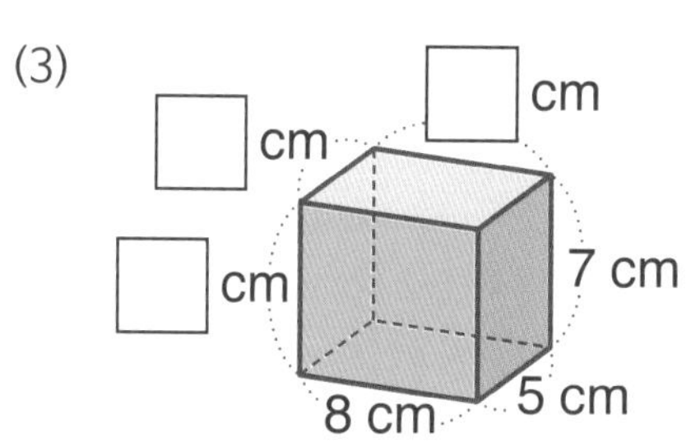

(4)

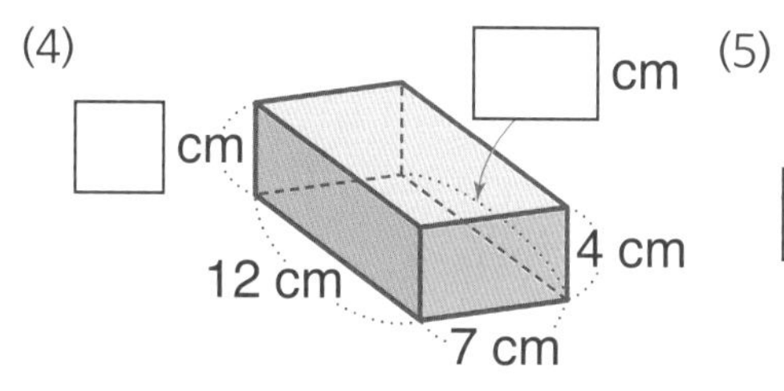

(5)

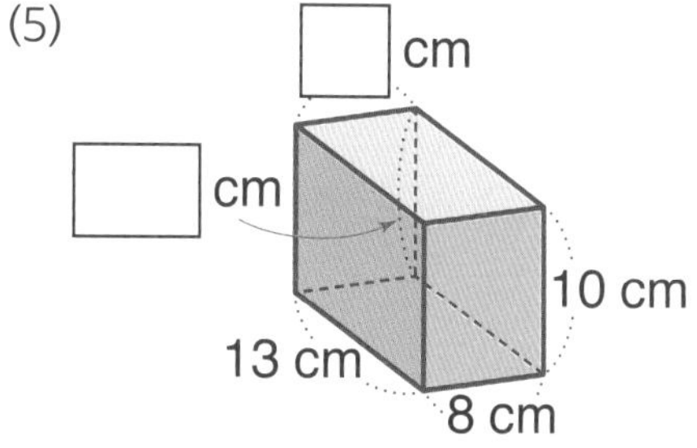

(6)

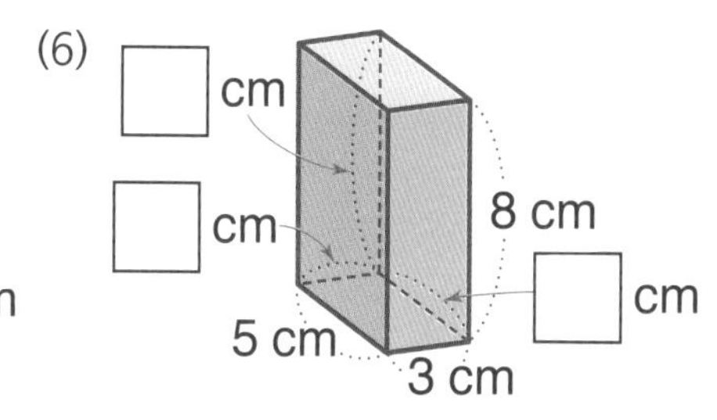

2 전개도를 접어서 직육면체를 만들었을 때, 색칠한 면과 평행한 면에 색칠하세요.

(1)

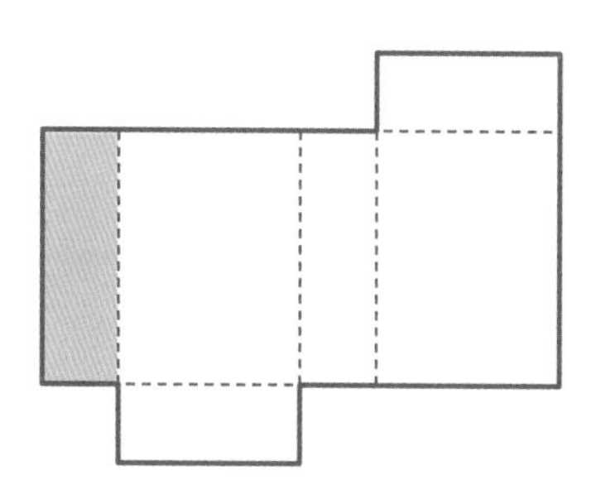

(2)

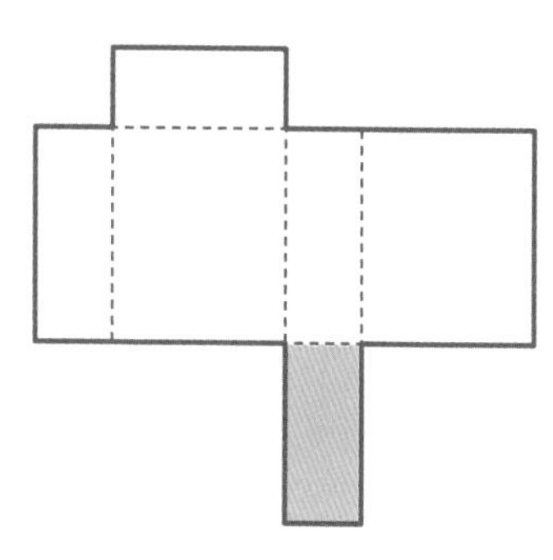

(3)

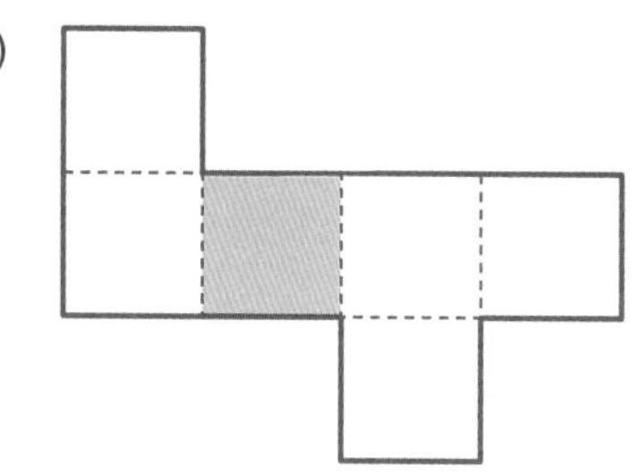

(4)

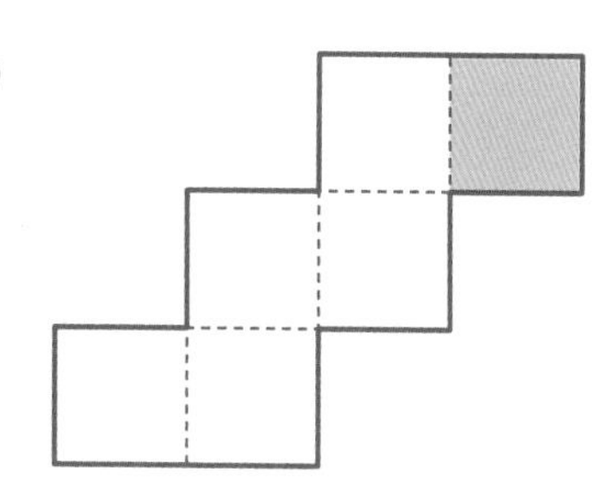

3 다음 전개도는 어느 정육면체의 전개도인지 찾아 기호를 쓰세요. (단, 알파벳의 방향은 생각하지 않습니다.)

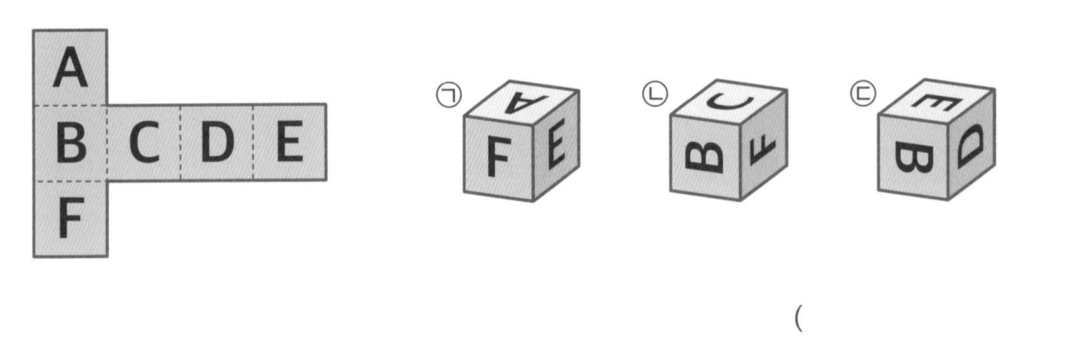

(   )

4 주사위의 마주 보는 면에 있는 눈의 수의 합이 7일 때, 오른쪽 정육면체 모양의 주사위 전개도의 빈 곳에 주사위 눈을 알맞게 그려 넣으세요.

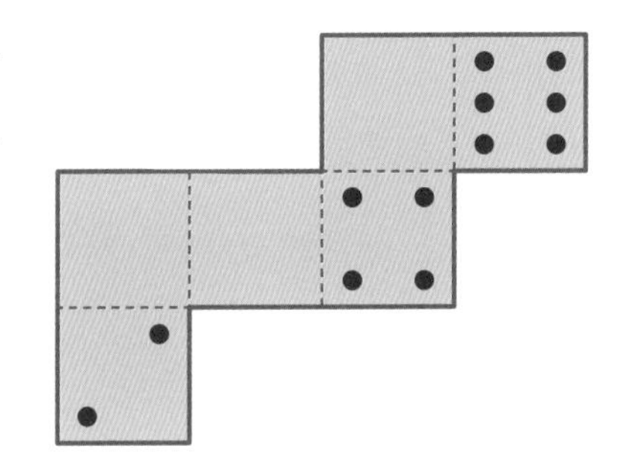

5 그림과 같이 직육면체의 세 면에 선을 그었습니다. 전개도에 선이 지나가는 자리를 나타내세요.

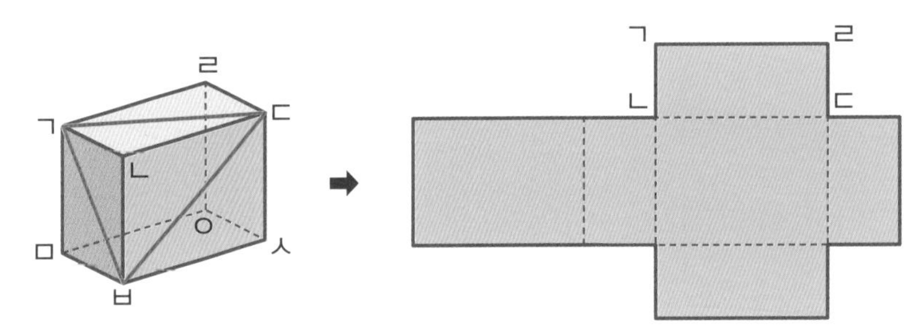

6 직육면체 모양의 상자를 오른쪽 그림과 같이 끈으로 둘러서 묶었습니다. 사용한 끈의 길이는 몇 cm인지 구하세요. (단, 매듭을 묶는 데 사용한 끈의 길이는 20 cm입니다.)

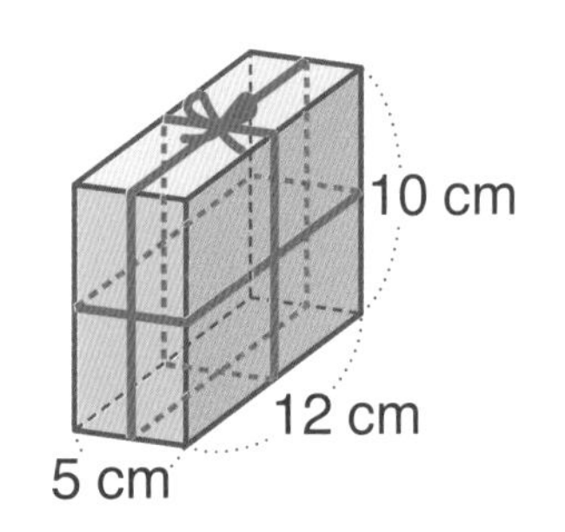

(   )

06

평균과 가능성

• 학습계열표 •

이전에 배운 내용

4-1 막대그래프
• 막대그래프

4-2 꺾은선그래프
• 꺾은선그래프

지금 배울 내용

5-2 평균과 가능성
• 평균
• 일이 일어날 가능성

앞으로 배울 내용

6-1 비와 비율
• 비와 비율

• 학습기록표 •

학습 일차	학습 내용	날짜	맞은 개수	
			연산	응용
DAY 47	**평균①** 자료 보고 평균 구하기	/	/12	/3
DAY 48	**평균②** 표 보고 평균 구하기	/	/8	/4
DAY 49	일이 일어날 가능성	/	/10	/5
DAY 50	마무리 확인	/	/15	

책상에 붙여 놓고
매일매일 기록해요.

6. 평균과 가능성

평균

평균: **각 자료의 값을 모두 더해 자료의 수로 나눈 값**
자료를 대표하는 값

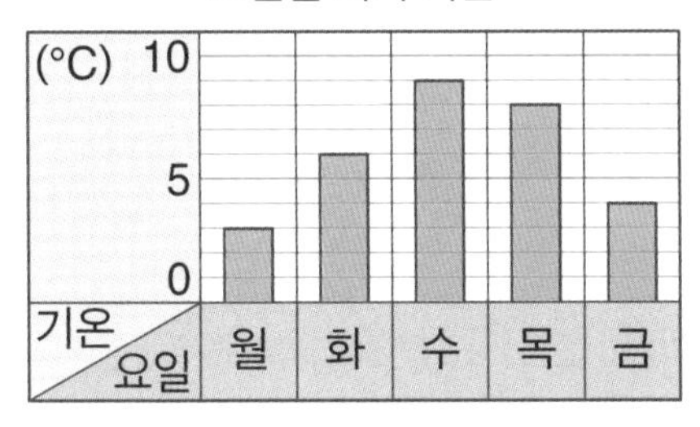

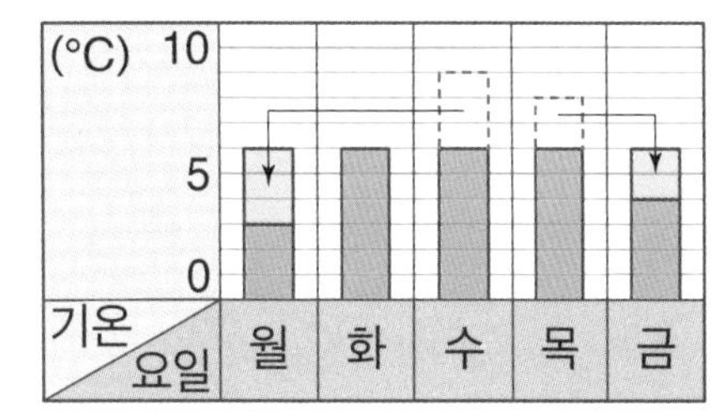

▶ 막대의 높이를 고르게 하면 6°C이므로 요일별 최저 기온의 평균은 6°C입니다.

평균 구하기

(평균)=(자료의 값을 모두 더한 수)÷(자료의 수)

• 두 모둠의 평균 구하기

윤지네 모둠의 줄넘기 기록

이름	윤지	규선	소혜	태영
기록(번)	92	110	88	106

성빈이네 모둠의 줄넘기 기록

이름	성빈	하령	동현	지선	우주
기록(번)	100	90	95	113	87

(평균)=(92+110+88+106)÷4 (자료의 값의 합 ÷ 자료의 수)
=396÷4
=99(번)

(평균)=(100+90+95+113+87)÷5
=485÷5
=97(번)

• 두 모둠의 기록 비교 ← 자료를 대표하는 값으로 두 모둠의 평균을 비교하면 어느 모둠이 더 잘했는지 알 수 있습니다.

자료의 수: 4명<5명
평균 비교: 99번>97번 ➡ 윤지네 모둠이 줄넘기를 더 잘했다고 할 수 있습니다.

일이 일어날 가능성 _ 말로 표현하기

가능성: 어떠한 상황에서 특정한 일이 일어나길 기대할 수 있는 정도로
가능성의 정도는 불가능하다, ~아닐 것 같다, 반반이다, ~일 것 같다, 확실하다 등으로 표현할 수 있습니다.

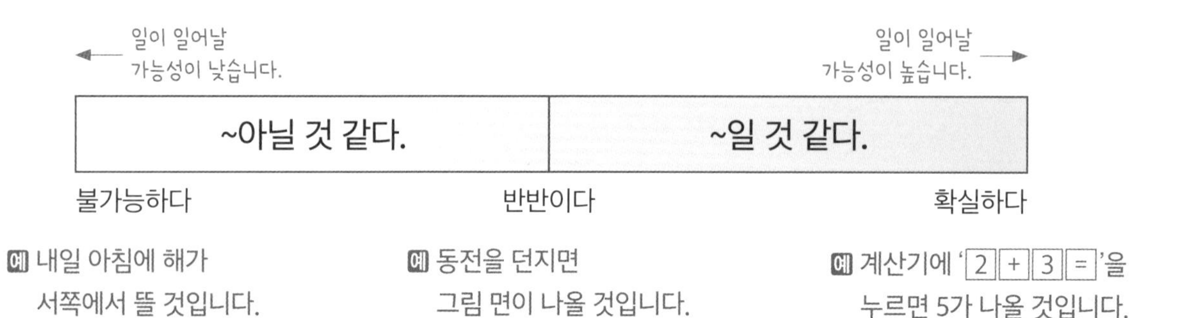

예 내일 아침에 해가 서쪽에서 뜰 것입니다.

예 동전을 던지면 그림 면이 나올 것입니다.

예 계산기에 '2 + 3 ='을 누르면 5가 나올 것입니다.

일이 일어날 가능성 _ 수로 표현하기

- 일이 일어날 가능성이 '불가능하다'인 경우 ➡ 0
- 일이 일어날 가능성이 '반반이다'인 경우 ➡ $\frac{1}{2}$
- 일이 일어날 가능성이 '확실하다'인 경우 ➡ 1

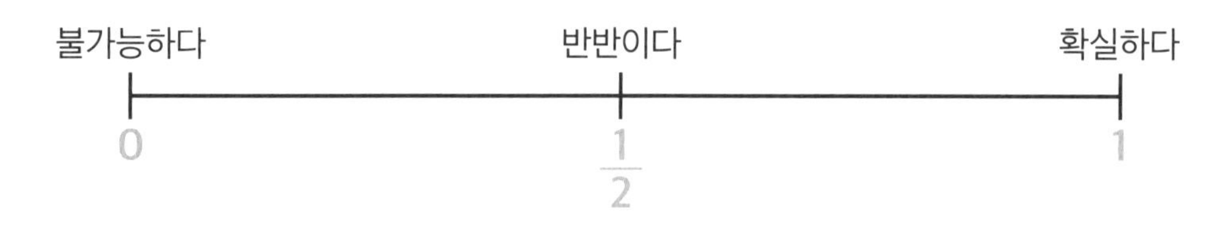

평균① 자료 보고 평균 구하기

연산 up

자료를 보고 평균을 구하세요.

1 12, 11, 9, 8

(평균)
= (자료의 값을 모두 더한 수) ÷ (자료의 ______)

➡ 평균: (12 + 11 + 9 + 8) ÷ 4 = 10

2 5, 7, 13, 19

➡ 평균:

3 33, 42, 16, 25

➡ 평균:

4 68, 95, 100, 57

➡ 평균:

5 104, 138, 122, 140

➡ 평균:

6 210, 235, 200, 227

➡ 평균:

7 20, 19, 14, 6, 1

➡ 평균:

8 10, 20, 30, 40, 50

➡ 평균:

9 66, 82, 48, 51, 73

➡ 평균:

10 90, 74, 99, 67, 85

➡ 평균:

11 105, 115, 120, 135, 110

➡ 평균:

12 135, 159, 123, 147, 181

➡ 평균:

응용 UP 평균①

1 수영이네 모둠과 진욱이네 모둠의 단체 줄넘기 기록입니다. 두 모둠 중에서 어느 모둠이 단체 줄넘기를 더 잘했다고 볼 수 있는지 구하세요.

[수영이네 모둠] 29번, 35번, 22번, 18번

[진욱이네 모둠] 21번, 29번, 26번, 32번

답 ______________

2 민규와 효주의 1분 동안 타자 수 기록입니다. 민규와 효주 중에서 누구의 기록이 더 좋다고 볼 수 있는지 구하세요.

[민규] 253타, 275타, 302타, 310타

[효주] 264타, 257타, 311타, 300타

답 ______________

3 농구 게임에서 다윤이와 건우가 얻은 점수입니다. 다윤이와 건우 중에서 누가 농구 게임을 더 잘했다고 볼 수 있는지 구하세요.

[다윤] 42점, 55점, 54점, 46점, 48점

[건우] 50점, 44점, 47점, 56점, 43점

답 ______________

평균② 표 보고 평균 구하기

표를 보고 평균을 구하세요.

1 학급별 학생 수

학급	1반	2반	3반	4반
학생 수(명)	22	26	24	28

➡ 평균: (22+26+24+28)÷4=25(명)

2 100 m 달리기 기록

이름	찬율	희연	준호	나은
기록(초)	14	19	18	21

➡ 평균:

3 키

이름	성준	초롱	은규	진아
키(cm)	149	140	153	146

➡ 평균:

4 지역별 하루 물 사용량

지역	가	나	다	라
물 사용량(t)	250	300	260	210

➡ 평균:

5 학급별 안경을 낀 학생 수

학급	1반	2반	3반	4반	5반
학생 수(명)	10	8	6	12	14

➡ 평균:

6 요일별 최고 기온

요일	월	화	수	목	금
기온(°C)	26	20	27	22	25

➡ 평균:

7 몸무게

이름	보윤	승현	규리	채원	경원
몸무게(kg)	34	41	30	31	39

➡ 평균:

8 제자리멀리뛰기 기록

이름	시은	상훈	태호	아란	선재
기록(cm)	184	187	180	173	191

➡ 평균:

응용 up 평균②

1 보람이네 모둠의 제기차기 기록을 나타낸 표입니다. 제기차기 기록의 평균이 10개일 때, 재율이의 기록은 몇 개인지 구하세요.

제기차기 기록

이름	보람	재율	서윤	도현
기록(개)	10		14	7

➡ (기록의 합) = 10 × 4 = 40(개)
(재율이의 기록)
= 40 − (10 + 14 + 7)
= 9(개)

답 9개

2 마을별 초등학교 학생 수를 나타낸 표입니다. 초등학교 학생 수의 평균이 29명일 때, 반달 마을의 학생 수는 몇 명인지 구하세요.

마을별 초등학교 학생 수

마을	솔빛	은하	사랑	반달
학생 수(명)	36	22	31	

답

3 성훈이의 과목별 단원 평가 점수를 나타낸 표입니다. 평균 점수가 83점일 때, 국어 점수는 몇 점인지 구하세요.

과목별 단원 평가 점수

과목	국어	수학	사회	과학
점수(점)		80	78	90

답

4 마을별 쌀 생산량을 나타낸 표입니다. 쌀 생산량의 평균이 68 t일 때, 다 마을의 쌀 생산량은 몇 t인지 구하세요.

마을별 쌀 생산량

마을	가	나	다	라	마
생산량(t)	75	64		72	66

답

일이 일어날 가능성

연산

회전판을 돌렸을 때 화살이 파란색에 멈출 가능성에 ↓로 나타내세요.

1

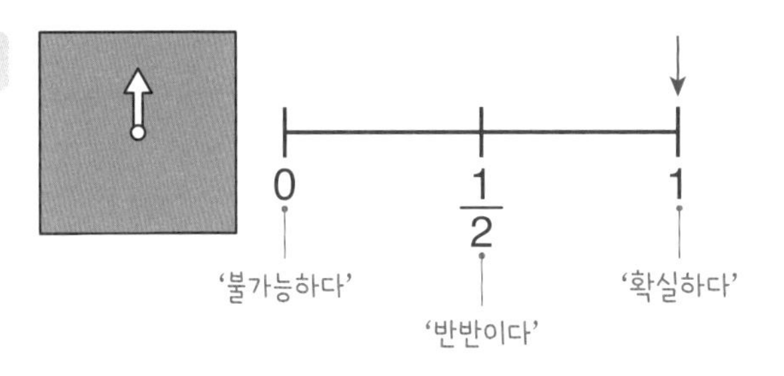

2

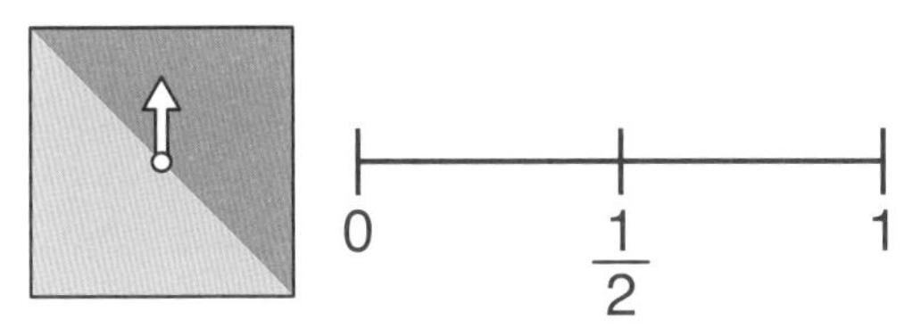

3

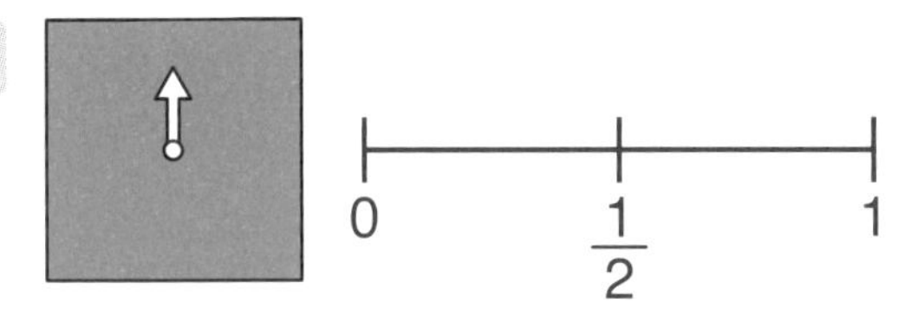

4

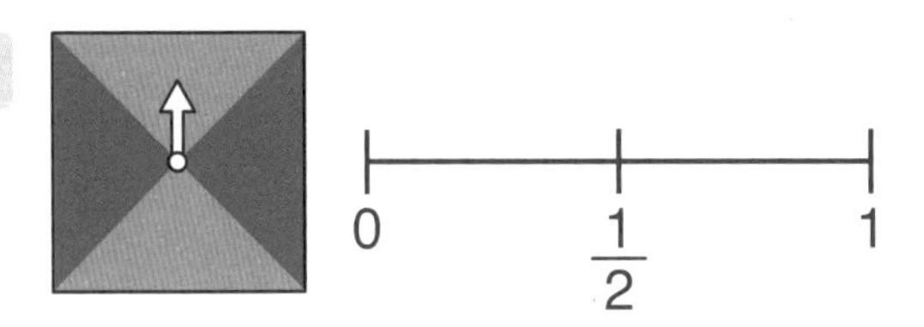

5

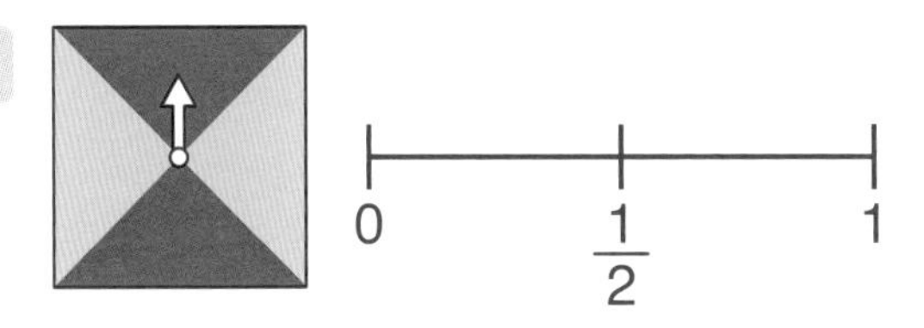

6

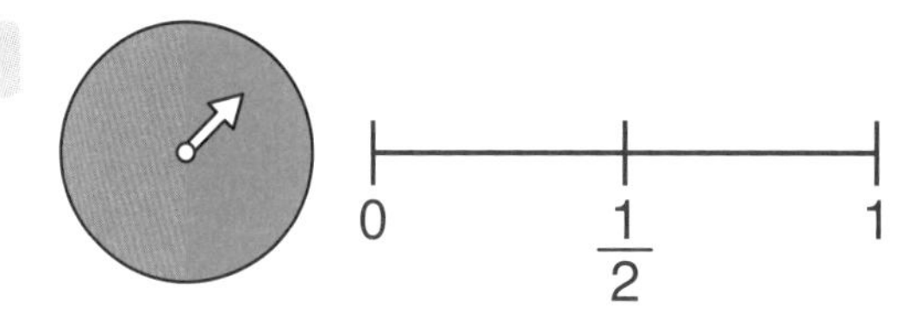

7

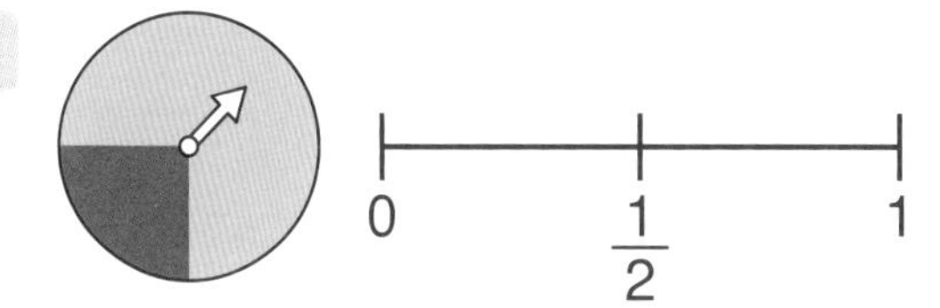

8

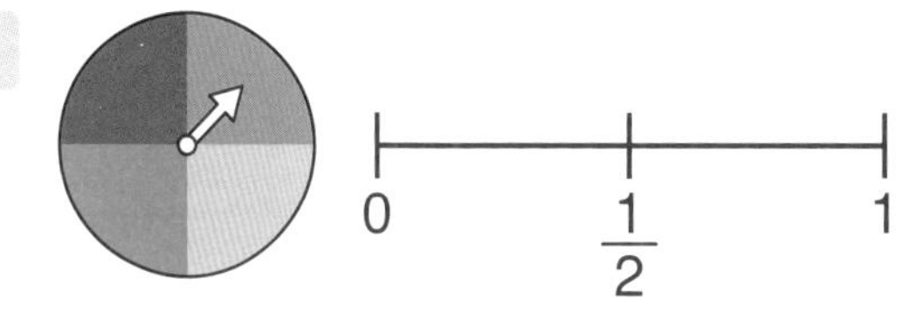

9

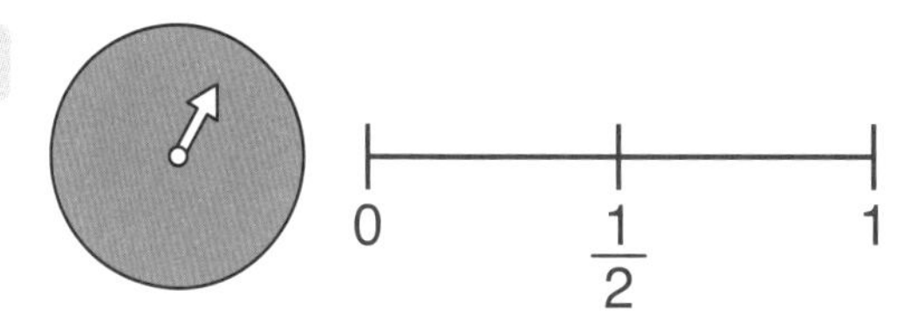

10

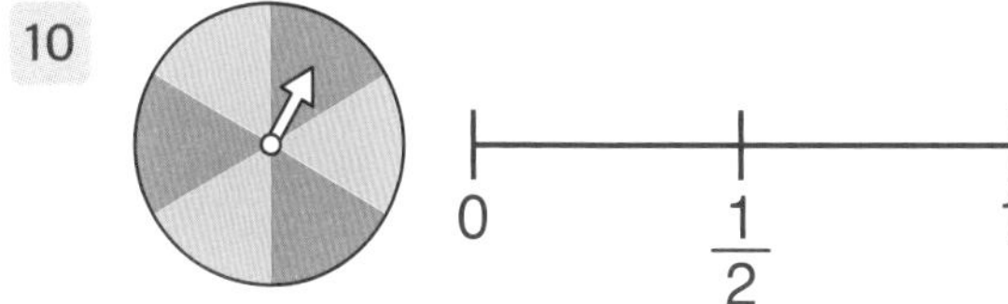

응용 up 일이 일어날 가능성

1 주황색 구슬만 들어 있는 통에서 구슬을 1개 꺼냈을 때, 꺼낸 구슬이 주황색일 가능성을 수로 표현하세요.

답 ______________

2 봉지 안에 포도 맛 사탕 2개와 사과 맛 사탕 2개가 들어 있습니다. 봉지에서 사탕을 1개 꺼냈을 때, 꺼낸 사탕이 사과 맛 사탕일 가능성을 수로 표현하세요.

답 ______________

3 당첨 제비만 5개 들어 있는 제비뽑기 상자에서 제비 1개를 뽑았을 때, 뽑은 제비가 당첨 제비가 아닐 가능성을 수로 표현하세요.

답 ______________

4 수 카드 4장 중에서 한 장을 뽑았을 때, 뽑은 카드가 짝수일 가능성을 수로 표현하세요.

6 7 8 9

답 ______________

5 1부터 6까지의 눈이 그려진 주사위를 한 번 굴릴 때, 주사위의 눈의 수가 1 이상 6 이하로 나올 가능성을 수로 표현하세요.

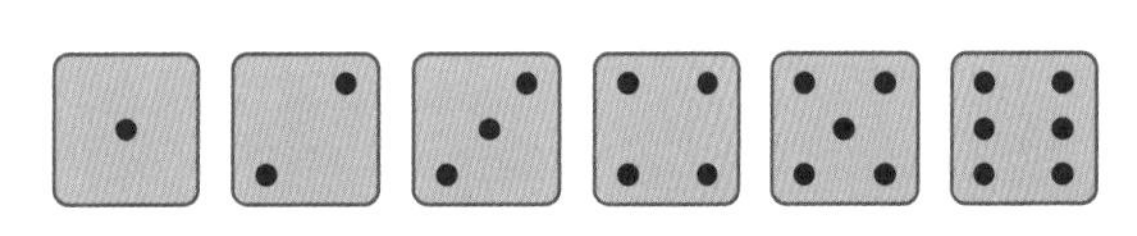

답 ______________

DAY 50

마무리 확인

연산 평가 up

1 자료를 보고 평균을 구하세요.

(1) 14, 12, 10, 16

➡ 평균:

(2) 13, 27, 21, 15

➡ 평균:

(3) 92, 69, 50, 71, 58

➡ 평균:

(4) 101, 136, 124, 149, 110

➡ 평균:

2 표를 보고 평균을 구하세요.

(1) 팔 굽혀 펴기 기록

이름	현우	창민	건후	우재
기록(회)	8	10	14	12

➡ 평균:

(2) 과녁 맞히기 점수

이름	가은	송이	은서	초희
점수(점)	9	8	7	4

➡ 평균:

(3) 마신 우유의 양

이름	유찬	나영	서준	예하
우유의 양 (mL)	240	360	480	500

➡ 평균:

(4) 학급별 모은 깡통 수

학급	1반	2반	3반	4반
깡통 수 (개)	181	165	193	149

➡ 평균:

(5) 줄넘기 기록

이름	세연	지훈	정원	다혜	시헌
기록(번)	99	80	111	78	102

➡ 평균:

(6) 운동 시간

이름	민호	은혜	나준	시연	은찬
시간(분)	30	50	40	45	55

➡ 평균:

마무리 확인

3 석진이와 은채가 3월부터 6월까지 읽은 책 수를 나타낸 표입니다. 읽은 책 수의 평균이 더 높은 사람은 누구인지 구하세요.

석진이가 읽은 책 수

월	3월	4월	5월	6월
책 수(권)	11	16	12	13

은채가 읽은 책 수

월	3월	4월	5월	6월
책 수(권)	17	15	14	10

(　　　　　　　　)

4 혜미네 가족들의 나이를 나타낸 표입니다. 나이의 평균이 30살일 때, 어머니는 몇 살인지 구하세요.

가족들의 나이

가족	아버지	어머니	혜지	혜미
나이(살)	48		15	12

(　　　　　　　　)

5 태주네 모둠의 키를 나타낸 표입니다. 키의 평균이 148 cm일 때, 지아의 키는 몇 cm인지 구하세요.

키

이름	태주	유라	동현	지아	민국
키(cm)	148	152	147		143

(　　　　　　　　)

6 1, 2, 3, 4의 구슬이 들어 있는 주머니에서 구슬 1개를 꺼냈을 때, 꺼낸 구슬에 적힌 수가 5 미만일 가능성을 수로 표현하세요.

(　　　　　　　　)

7 1부터 6까지의 눈이 그려진 주사위를 한 번 굴릴 때, 주사위의 눈의 수가 4의 약수일 가능성을 수로 표현하세요.

(　　　　　　　　)

• 메모 •

• 메모 •

다음 단계로
넘어갈까요?
화이팅!

앗!

본책의 정답과 풀이를 분실하셨나요?
길벗스쿨 홈페이지에 들어오시면 내려받으실 수 있습니다.
https://school.gilbut.co.kr/

기적의 계산법 응용 up

정답과 풀이

초등 5학년 10권

10
권

01 수의 범위와 어림하기

DAY 1

11쪽
12쪽

연산 UP

1. 6, 7, 8, 9에 ○표
   3, 4, 5, 6에 ○표
   7, 8, 9에 ○표
   3, 4, 5에 ○표
2. 10, 11, 12, 13에 ○표
   11, 12, 13에 ○표
   7, 8, 9, 10에 ○표
   7, 8, 9에 ○표
3. 30, 31, 32, 33, 34, 35에 ○표
   31, 32, 33, 34, 35에 ○표
   30, 31, 32, 33, 34에 ○표
   30, 31, 32, 33, 34, 35에 ○표
4. 24, 25, 26, 27, 28에 ○표
   23, 24, 25, 26, 27에 ○표
   23, 24, 25, 26, 27, 28에 ○표
   23, 24, 25, 26, 27, 28에 ○표

응용 UP

1. 할아버지, 어머니, 아버지
2. 나, 라
3. 가, 다, 마
4. 가, 라

응용 UP
1. 나이가 만 19세 이상인 사람: 할아버지(만 73세), 어머니(만 39세), 아버지(만 44세)
2. 속력이 시속 50 km 이하인 자동차: 나(시속 47 km), 라(시속 45 km)
3. 버스에 탄 사람이 45명 초과인 버스: 가(46명), 다(49명), 마(48명)
4. 높이가 3.3 m 미만인 자동차: 나(2.96 m), 다(3.105 m), 마(1.71 m)
   ➡ 터널을 통과할 수 없는 자동차: 가, 라

DAY 2

13쪽
14쪽

연산 UP

1. 9, 25, 20, 13에 ○표
2. 34, 26에 ○표
3. 48, 50에 ○표
4. 16, 5, 14에 ○표
5. 25, 19, 16에 ○표
6. 33, 38, 41에 ○표
7. 17, 21, 14에 ○표
8. 60, 65에 ○표
9. 11, 12.5에 ○표
10. 50, 49.1, 47에 ○표
11. 62, 73에 ○표
12. 100, 89에 ○표

응용 UP

1. 세연, 태훈, 준석
2. 윤아, 현우
3. 3학년, 6학년

응용 UP
1. 키가 135 cm와 같거나 큰 학생: 세연(137.1 cm), 태훈(135 cm), 준석(139 cm)
2. 기록이 17.5초보다 빠른 학생: 윤아(17초), 현우(16.8초)
3. 학생 수가 130명보다 많은 학년: 3학년(135명), 6학년(140명)

DAY 3

15쪽
16쪽

연산 UP

1 9, 7, 10에 ○표

2 16, 13, 12, 14에 ○표

3 34에 ○표

4 98, 97에 ○표

5 72, 70.5, 73, 69에 ○표

6 23, 21에 ○표

7 47, 41, 45에 ○표

8 80, 85에 ○표

9 24, 30에 ○표

10 86, 90, 89에 ○표

응용 UP

1 건웅

2 준희

3 13000원

응용 UP

1 원준(95번): 80번 이상 100번 미만 - 3점
100번, 57번, 81번 중에서 80번 이상 100번 미만에 포함되는 횟수는 81번이므로
원준이와 같은 점수를 받은 학생은 건웅입니다.

2 선아(44 kg): 43 kg 초과 47 kg 이하 - 웰터급
43 kg, 47 kg, 39 kg 중에서 43 kg 초과 47 kg 이하에 포함되는 몸무게는 47 kg이므로
선아와 같은 체급에 속한 학생은 준희입니다.

3 할머니(71세): 무료
아버지(48세), 어머니(43세): 각 5000원
지훈(12세), 지혜(8세): 각 1500원
➡ 5000+5000+1500+1500=13000(원)

DAY 4

17쪽
18쪽

연산 UP

1 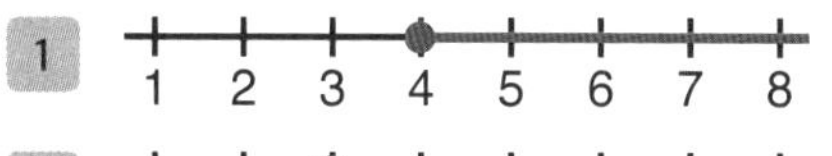

2 1 2 3 4 5 6 7 8

3 1 2 3 4 5 6 7 8

4 1 2 3 4 5 6 7 8

5 15 16 17 18 19 20 21 22

6 11 12 13 14 15 16 17 18

7 24 25 26 27 28 29 30 31

8 39 40 41 42 43 44 45 46

9 10 11 12 13 14 15 16 17

10 55 56 57 58 59 60 61 62

11 47 48 49 50 51 52 53 54

12 93 94 95 96 97 98 99 100

응용UP

1 77, 78, 79, 80

2 22, 23, 24, 25, 26

3 19, 20, 21

4 11, 12, 13, 14

5 8, 9

6 10, 11

응용 UP 2

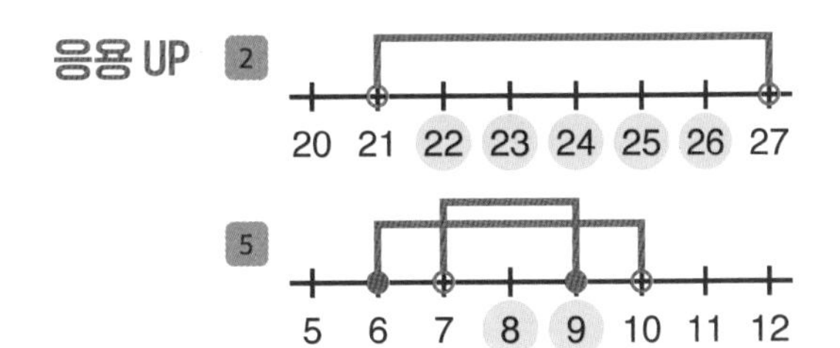

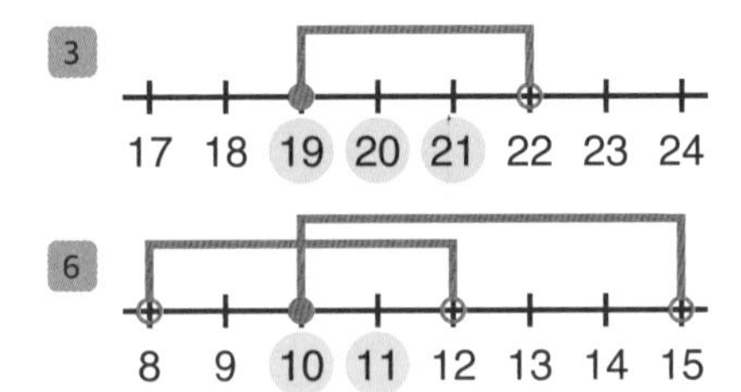

DAY 5

19쪽
20쪽

연산 UP

1 240, 300
2 580, 600
3 120, 200
4 320, 400
5 810, 900
6 1700, 1700
7 7100, 8000
8 4600, 5000
9 69900, 69900
10 26500, 27000

응용 UP

1 16000원
2 140000원
3 700 g
4 90 m
5 8대

응용 UP

2 135000 ➡ 140000
올립니다.

4 87 ➡ 90
올립니다.

3 604 ➡ 700
올립니다.

5 780 ➡ 800
올립니다.
따라서 오렌지 780상자를 트럭에 모두 실으려면 트럭은 최소 8대가 필요합니다.

DAY 6

21쪽
22쪽

연산 UP

1 180, 100
2 620, 600
3 500, 500
4 710, 700
5 430, 400
6 3000, 3000
7 8900, 8000
8 2700, 2000
9 52630, 52600
10 91000, 90000

응용 UP

1 19000원
2 500장
3 440 kg
4 7개
5 29명

응용 UP

2 520 ➡ 500
버립니다.

4 780 ➡ 700
버립니다.
따라서 끈 780 cm로 상품을 최대 7개까지 포장할 수 있습니다.

3 441 ➡ 440
버립니다.

5 29500 ➡ 29000
버립니다.
따라서 29500원으로 이 미술관에 입장할 수 있는 어린이는 최대 29명입니다.

DAY 7

23쪽 24쪽

연산 UP

1 820, 800
2 460, 500
3 590, 600
4 140, 100
5 900, 900
6 7260, 7300
7 2300, 2000
8 6980, 7000
9 95500, 95000
10 32210, 30000

응용 UP

1 6000명
2 670000명
3 250 cm
4 3000 m
5 300송이

응용 UP

2 672948 ➡ 670000
└ 버립니다.

3 247 ➡ 250
└ 올립니다.

4 2563 ➡ 3000
└ 올립니다.

5 168＋150＝318(송이)
318 ➡ 300
└ 버립니다.

DAY 8

25쪽 26쪽

연산 UP

1 4.2
2 5.99
3 1
4 3.9
5 6.02
6 4
7 1.7
8 8.52
9 3
10 10.1
11 0.46
12 98

응용 UP

1 689
2 3499
3 7201
4 445 이상 455 미만

응용 UP

2 | 3 | 4 | □ | □ | ➡ | 3 | 4 | 0 | 0 |
천 백 십 일

십, 일의 자리인 □□에 들어갈 수 있는 가장 큰 수는 9, 9이므로 3499

3 | 7 | 2 | □ | □ | ➡ | 7 | 3 | 0 | 0 |
천 백 십 일

십, 일의 자리인 □□에 들어갈 수 있는 가장 작은 수는 0, 1이므로 7201

4 | 4 | □ | □ | ➡ | 4 | 5 | 0 |
백 십 일

일의 자리의 숫자를 올리는 경우: 445 이상

일의 자리의 숫자를 버리는 경우: 455 미만

➡ 445 이상 455 미만

DAY 9

27쪽
28쪽

연산 UP

1 200, 100, 200
2 590, 580, 580
3 800, 700, 700
4 4040, 4030, 4040
5 7000, 6000, 7000
6 3100, 3000, 3000
7 5000, 4000, 5000
8 9200, 9190, 9200
9 88000, 87900, 87900
10 30000, 20000, 20000

응용 UP

1 9500
2 2470
3 7500
4 1680
5 8000

응용 UP

2 가장 작은 네 자리 수: 2468
반올림하여 십의 자리까지 나타내면 2470

4 가장 작은 네 자리 수: 1679
올림하여 십의 자리까지 나타내면 1680

3 가장 큰 네 자리 수: 7530
버림하여 백의 자리까지 나타내면 7500

5 가장 큰 네 자리 수: 8420
반올림하여 천의 자리까지 나타내면 8000

DAY 10

29쪽
30쪽

1 (1) 29, 33에 ○표 (2) 40, 41에 ○표
(3) 75, 77에 ○표 (4) 30, 27에 ○표
(5) 12.7, 16.4, 11에 ○표 (6) 60.5, 58, 63에 ○표

2 (1) 520, 600 (2) 4600, 5000
(3) 280, 270, 280 (4) 900, 800, 800
(5) 6500, 6400, 6400 (6) 2000, 1000, 2000

3 지희, 도권, 효정
4 600권
5 33개
6 3500
7 9999

3 키가 140 cm와 같거나 작은 학생: 지희(139.5 cm), 도권(140 cm), 효정(136 cm)

4 695 ➡ 600
└ 버립니다.

5 328 ➡ 330
└ 올립니다.

따라서 배 328개를 상자에 모두 담으려면 상자는 최소 33개가 필요합니다.

6 가장 작은 네 자리 수: 3479
반올림하여 백의 자리까지 나타내면 3500입니다.

7 | 9 | 9 | 9 | □ | ➡ | 9 | 9 | 9 | 0 |
천 백 십 일

일의 자리인 □에 들어갈 수 있는 가장 큰 수는 9이므로 9999입니다.

02 분수의 곱셈

DAY 11

35쪽 36쪽

연산 UP

1 $1\frac{7}{9}$

2 $\frac{3}{5}$

3 $4\frac{1}{2}$

4 $1\frac{1}{6}$

5 $2\frac{2}{5}$

6 $8\frac{7}{11}$

7 $7\frac{7}{8}$

8 12

9 $6\frac{6}{7}$

10 $13\frac{4}{9}$

11 10

12 $11\frac{1}{2}$

13 $7\frac{1}{3}$

14 $38\frac{3}{4}$

응용 UP

1 식 $\frac{1}{4}\times5=1\frac{1}{4}$ 답 $1\frac{1}{4}$ L

2 식 $1\frac{1}{6}\times3=3\frac{1}{2}$ 답 $3\frac{1}{2}$ kg

3 식 $2\frac{7}{10}\times8=21\frac{3}{5}$ 답 $21\frac{3}{5}$ m

4 식 $\frac{4}{9}\times36=16$ 답 16판

5 식 $\frac{11}{14}\times7=5\frac{1}{2}$ 답 $5\frac{1}{2}$ kg

응용 UP 2 $1\frac{1}{6}\times3=\frac{7}{\cancel{6}_{2}}\times\cancel{3}^{1}=\frac{7}{2}=3\frac{1}{2}$ (kg)

3 $2\frac{7}{10}\times8=\frac{27}{\cancel{10}_{5}}\times\cancel{8}^{4}=\frac{108}{5}=21\frac{3}{5}$ (m)

DAY 12

37쪽 38쪽

연산 UP

1 $\frac{2}{11}$

2 6

3 $2\frac{2}{9}$

4 $4\frac{9}{10}$

5 6

6 $1\frac{1}{3}$

7 $8\frac{1}{8}$

8 $7\frac{1}{2}$

9 $36\frac{4}{5}$

10 $3\frac{2}{3}$

11 $11\frac{1}{2}$

12 $11\frac{7}{18}$

13 $21\frac{3}{5}$

14 $36\frac{2}{3}$

응용 UP

1 식 $6\times\frac{1}{4}=1\frac{1}{2}$ 답 $1\frac{1}{2}$ m

2 식 $25\times\frac{3}{5}=15$ 답 15장

3 식 $320\times\frac{5}{8}=200$ 답 200개

4 식 $400\times\frac{7}{12}=233\frac{1}{3}$ 답 $233\frac{1}{3}$ m^2

5 식 $14\times\frac{5}{6}=11\frac{2}{3}$ 답 $11\frac{2}{3}$ km

응용 UP

1 $\overset{3}{\cancel{6}} \times \frac{1}{\underset{2}{\cancel{4}}} = \frac{3}{2} = 1\frac{1}{2}$ (m)

2 $\overset{5}{\cancel{25}} \times \frac{3}{\underset{1}{\cancel{5}}} = 15$(장)

3 $\overset{40}{\cancel{320}} \times \frac{5}{\underset{1}{\cancel{8}}} = 200$(개)

4 $\overset{100}{\cancel{400}} \times \frac{7}{\underset{3}{\cancel{12}}} = \frac{700}{3} = 233\frac{1}{3}$ (m^2)

5 $\overset{7}{\cancel{14}} \times \frac{5}{\underset{3}{\cancel{6}}} = \frac{35}{3} = 11\frac{2}{3}$ (km)

DAY 13

39쪽
40쪽

연산 UP

1 $\frac{1}{12}$

2 $\frac{1}{30}$

3 $\frac{1}{25}$

4 $\frac{1}{72}$

5 $\frac{1}{60}$

6 $\frac{1}{30}$

7 $\frac{1}{27}$

8 $\frac{3}{10}$

9 $\frac{8}{63}$

10 $\frac{14}{45}$

11 $\frac{2}{15}$

12 $\frac{3}{7}$

13 $\frac{8}{105}$

14 $\frac{9}{64}$

응용 UP

1 식 $\frac{1}{2} \times \frac{3}{5} = \frac{3}{10}$ 답 $\frac{3}{10}$

2 식 $\frac{5}{8} \times \frac{2}{7} = \frac{5}{28}$ 답 $\frac{5}{28}$

3 식 $\frac{9}{10} \times \frac{5}{6} = \frac{3}{4}$ 답 $\frac{3}{4}$ m

4 식 $\frac{13}{20} \times \frac{4}{5} = \frac{13}{25}$ 답 $\frac{13}{25}$ kg

5 식 $\frac{9}{14} \times \frac{1}{3} = \frac{3}{14}$ 답 $\frac{3}{14}$ m

연산 UP

10 $\frac{\overset{2}{\cancel{8}}}{15} \times \frac{7}{\underset{3}{\cancel{12}}} = \frac{14}{45}$

11 $\frac{\overset{1}{\cancel{5}}}{\underset{3}{\cancel{6}}} \times \frac{\overset{2}{\cancel{4}}}{\underset{5}{\cancel{25}}} = \frac{2}{15}$

12 $\frac{\overset{3}{\cancel{9}}}{\underset{7}{\cancel{14}}} \times \frac{\overset{1}{\cancel{2}}}{\underset{1}{\cancel{3}}} = \frac{3}{7}$

13 $\frac{8}{\underset{3}{\cancel{9}}} \times \frac{\overset{1}{\cancel{3}}}{35} = \frac{8}{105}$

응용 UP

2 $\frac{5}{\underset{4}{\cancel{8}}} \times \frac{\overset{1}{\cancel{2}}}{7} = \frac{5}{28}$

3 $\frac{\overset{3}{\cancel{9}}}{\underset{2}{\cancel{10}}} \times \frac{\overset{1}{\cancel{5}}}{\underset{2}{\cancel{6}}} = \frac{3}{4}$ (m)

4 $\frac{13}{\underset{5}{\cancel{20}}} \times \frac{\overset{1}{\cancel{4}}}{5} = \frac{13}{25}$ (kg)

5 $\frac{\overset{3}{\cancel{9}}}{14} \times \frac{1}{\underset{1}{\cancel{3}}} = \frac{3}{14}$ (m)

DAY 14

41쪽 42쪽

연산 UP

1 $\frac{5}{54}$

2 $\frac{7}{48}$

3 $\frac{2}{21}$

4 $\frac{9}{20}$

5 $\frac{5}{63}$

6 $\frac{3}{28}$

7 $\frac{7}{48}$

8 $\frac{9}{16}$

9 $\frac{3}{46}$

10 $\frac{16}{25}$

11 $\frac{16}{27}$

12 $\frac{10}{13}$

13 $\frac{34}{105}$

14 $\frac{7}{25}$

응용 UP

1 $\frac{8}{11}$ L

2 $\frac{9}{56}$ kg

3 $\frac{2}{3}$ km

4 $\frac{1}{9}$

응용 UP

2 사용한 부분: $\frac{4}{7}$, 남은 부분: $1-\frac{4}{7}=\frac{3}{7}$ ➡ (남은 밀가루의 양)$=\frac{3}{8}\times\frac{3}{7}=\frac{9}{56}$ (kg)

3 지금까지 걸은 부분: $\frac{1}{4}$, 남은 부분: $1-\frac{1}{4}=\frac{3}{4}$ ➡ (남은 거리)$=\frac{\overset{2}{\cancel{8}}}{\underset{3}{\cancel{9}}}\times\frac{\overset{1}{\cancel{3}}}{\underset{1}{\cancel{4}}}=\frac{2}{3}$ (km)

4 노란색을 칠한 부분: $\frac{5}{6}$, 노란색을 칠하고 남은 부분: $1-\frac{5}{6}=\frac{1}{6}$ ➡ (보라색을 칠한 부분)$=\frac{1}{\underset{3}{\cancel{6}}}\times\frac{\overset{1}{\cancel{2}}}{3}=\frac{1}{9}$

DAY 15

43쪽 44쪽

연산 UP

1 $2\frac{2}{3}$

2 $2\frac{6}{7}$

3 $5\frac{17}{20}$

4 $12\frac{1}{32}$

5 12

6 $5\frac{17}{20}$

7 $1\frac{25}{66}$

8 $7\frac{7}{20}$

9 $6\frac{2}{7}$

10 $4\frac{1}{6}$

11 $10\frac{2}{13}$

12 $13\frac{1}{2}$

13 3

응용 UP

1 식 $2\frac{1}{4}\times1\frac{2}{3}=3\frac{3}{4}$ 답 $3\frac{3}{4}$ L

2 식 $3\frac{5}{6}\times1\frac{5}{7}=6\frac{4}{7}$ 답 $6\frac{4}{7}$ kg

3 식 $60\frac{2}{3}\times1\frac{1}{2}=91$ 답 91 cm

4 식 $5\frac{1}{7}\times6\frac{3}{4}=34\frac{5}{7}$ 답 $34\frac{5}{7}$ kg

연산 UP

2 $1\frac{2}{3}\times1\frac{5}{7}=\frac{5}{\underset{1}{\cancel{3}}}\times\frac{\overset{4}{\cancel{12}}}{7}=\frac{20}{7}=2\frac{6}{7}$

3 $2\frac{7}{10}\times2\frac{1}{6}=\frac{\overset{9}{\cancel{27}}}{10}\times\frac{13}{\underset{2}{\cancel{6}}}=\frac{117}{20}=5\frac{17}{20}$

4 $2\frac{3}{4}\times4\frac{3}{8}=\frac{11}{4}\times\frac{35}{8}=\frac{385}{32}=12\frac{1}{32}$

5 $3\frac{5}{13}\times3\frac{6}{11}=\frac{\overset{4}{\cancel{44}}}{\underset{1}{\cancel{13}}}\times\frac{\overset{3}{\cancel{39}}}{\underset{1}{\cancel{11}}}=12$

6 $4\frac{1}{2}\times1\frac{3}{10}=\frac{9}{2}\times\frac{13}{10}=\frac{117}{20}=5\frac{17}{20}$

7 $1\frac{2}{11}\times1\frac{1}{6}=\frac{13}{11}\times\frac{7}{6}=\frac{91}{66}=1\frac{25}{66}$

8 $2\frac{4}{5}\times2\frac{5}{8}=\frac{\overset{7}{\cancel{14}}}{5}\times\frac{21}{\underset{4}{\cancel{8}}}=\frac{147}{20}=7\frac{7}{20}$

9 $4\frac{2}{7}\times1\frac{7}{15}=\frac{\overset{2}{\cancel{30}}}{7}\times\frac{22}{\underset{1}{\cancel{15}}}=\frac{44}{7}=6\frac{2}{7}$

10 $1\frac{1}{9}\times3\frac{3}{4}=\frac{\overset{5}{\cancel{10}}}{\underset{3}{\cancel{9}}}\times\frac{\overset{5}{\cancel{15}}}{\underset{2}{\cancel{4}}}=\frac{25}{6}=4\frac{1}{6}$

11 $3\frac{2}{3}\times2\frac{10}{13}=\frac{11}{\underset{1}{\cancel{3}}}\times\frac{\overset{12}{\cancel{36}}}{13}=\frac{132}{13}=10\frac{2}{13}$

12 $9\frac{1}{2}\times1\frac{8}{19}=\frac{\overset{1}{\cancel{19}}}{2}\times\frac{27}{\underset{1}{\cancel{19}}}=\frac{27}{2}=13\frac{1}{2}$

13 $1\frac{1}{14}\times2\frac{4}{5}=\frac{\overset{3}{\cancel{15}}}{\underset{1}{\cancel{14}}}\times\frac{\overset{1}{\cancel{14}}}{\underset{1}{\cancel{5}}}=3$

응용 UP

1 $2\frac{1}{4}\times1\frac{2}{3}=\frac{\overset{3}{\cancel{9}}}{4}\times\frac{5}{\underset{1}{\cancel{3}}}=\frac{15}{4}=3\frac{3}{4}$ (L)

2 $3\frac{5}{6}\times1\frac{5}{7}=\frac{23}{\underset{1}{\cancel{6}}}\times\frac{\overset{2}{\cancel{12}}}{7}=\frac{46}{7}=6\frac{4}{7}$ (kg)

3 $60\frac{2}{3}\times1\frac{1}{2}=\frac{\overset{91}{\cancel{182}}}{\underset{1}{\cancel{3}}}\times\frac{\overset{1}{\cancel{3}}}{\underset{1}{\cancel{2}}}=91$ (cm)

4 $5\frac{1}{7}\times6\frac{3}{4}=\frac{\overset{9}{\cancel{36}}}{7}\times\frac{27}{\underset{1}{\cancel{4}}}=\frac{243}{7}=34\frac{5}{7}$ (kg)

DAY 16

45쪽
46쪽

연산 UP

1 $2\frac{11}{14}$
2 $3\frac{1}{3}$
3 $2\frac{1}{4}$
4 $4\frac{1}{12}$
5 $2\frac{2}{3}$
6 $2\frac{11}{40}$
7 $23\frac{5}{6}$
8 $6\frac{3}{4}$
9 $2\frac{31}{70}$
10 $7\frac{5}{9}$
11 12
12 $1\frac{29}{36}$
13 $5\frac{3}{13}$
14 10

응용 UP

1 식 $2\times1\frac{11}{12}=3\frac{5}{6}$ 답 $3\frac{5}{6}$ cm^2

2 식 $1\frac{4}{7}\times1\frac{4}{7}=2\frac{23}{49}$ 답 $2\frac{23}{49}$ cm^2

3 식 $4\frac{1}{3}\times5\frac{2}{5}=23\frac{2}{5}$ 답 $23\frac{2}{5}$ cm^2

4 식 $10\frac{1}{4}\times10\frac{1}{4}=105\frac{1}{16}$ 답 $105\frac{1}{16}$ m^2

5 식 $60\frac{1}{2}\times80=4840$ 답 4840 m^2

연산 UP

1. $1\frac{2}{7}\times2\frac{1}{6}=\frac{\overset{3}{\cancel{9}}}{7}\times\frac{13}{\underset{2}{\cancel{6}}}=\frac{39}{14}=2\frac{11}{14}$

2. $2\frac{1}{2}\times1\frac{1}{3}=\frac{5}{\underset{1}{\cancel{2}}}\times\frac{\overset{2}{\cancel{4}}}{3}=\frac{10}{3}=3\frac{1}{3}$

3. $1\frac{7}{8}\times1\frac{1}{5}=\frac{\overset{3}{\cancel{15}}}{\underset{4}{\cancel{8}}}\times\frac{\overset{3}{\cancel{6}}}{\underset{1}{\cancel{5}}}=\frac{9}{4}=2\frac{1}{4}$

4. $1\frac{1}{6}\times3\frac{1}{2}=\frac{7}{6}\times\frac{7}{2}=\frac{49}{12}=4\frac{1}{12}$

5. $2\frac{1}{9}\times1\frac{5}{19}=\frac{\overset{1}{\cancel{19}}}{\underset{3}{\cancel{9}}}\times\frac{\overset{8}{\cancel{24}}}{\underset{1}{\cancel{19}}}=\frac{8}{3}=2\frac{2}{3}$

6. $1\frac{1}{12}\times2\frac{1}{10}=\frac{13}{\underset{4}{\cancel{12}}}\times\frac{\overset{7}{\cancel{21}}}{10}=\frac{91}{40}=2\frac{11}{40}$

7. $8\frac{2}{3}\times2\frac{3}{4}=\frac{\overset{13}{\cancel{26}}}{3}\times\frac{11}{\underset{2}{\cancel{4}}}=\frac{143}{6}=23\frac{5}{6}$

8. $4\frac{1}{2}\times1\frac{1}{2}=\frac{9}{2}\times\frac{3}{2}=\frac{27}{4}=6\frac{3}{4}$

9. $1\frac{4}{5}\times1\frac{5}{14}=\frac{9}{5}\times\frac{19}{14}=\frac{171}{70}=2\frac{31}{70}$

10. $2\frac{5}{6}\times2\frac{2}{3}=\frac{17}{\underset{3}{\cancel{6}}}\times\frac{\overset{4}{\cancel{8}}}{3}=\frac{68}{9}=7\frac{5}{9}$

11. $3\frac{3}{4}\times3\frac{1}{5}=\frac{\overset{3}{\cancel{15}}}{\underset{1}{\cancel{4}}}\times\frac{\overset{4}{\cancel{16}}}{\underset{1}{\cancel{5}}}=12$

12. $1\frac{1}{9}\times1\frac{5}{8}=\frac{\overset{5}{\cancel{10}}}{9}\times\frac{13}{\underset{4}{\cancel{8}}}=\frac{65}{36}=1\frac{29}{36}$

13. $3\frac{1}{13}\times1\frac{7}{10}=\frac{\overset{4}{\cancel{40}}}{13}\times\frac{17}{\underset{1}{\cancel{10}}}=\frac{68}{13}=5\frac{3}{13}$

14. $1\frac{9}{16}\times6\frac{2}{5}=\frac{\overset{5}{\cancel{25}}}{\underset{1}{\cancel{16}}}\times\frac{\overset{2}{\cancel{32}}}{\underset{1}{\cancel{5}}}=10$

응용 UP

2. (정사각형의 넓이)
$=$(한 변의 길이)$\times$(한 변의 길이)
$=1\frac{4}{7}\times1\frac{4}{7}=\frac{11}{7}\times\frac{11}{7}$
$=\frac{121}{49}=2\frac{23}{49}$ (cm^2)

3. (평행사변형의 넓이)
$=$(밑변의 길이)$\times$(높이)
$=4\frac{1}{3}\times5\frac{2}{5}=\frac{13}{\underset{1}{\cancel{3}}}\times\frac{\overset{9}{\cancel{27}}}{5}$
$=\frac{117}{5}=23\frac{2}{5}$ (cm^2)

4. (정사각형 모양의 땅의 넓이)
$=$(한 변의 길이)$\times$(한 변의 길이)
$=10\frac{1}{4}\times10\frac{1}{4}=\frac{41}{4}\times\frac{41}{4}$
$=\frac{1681}{16}=105\frac{1}{16}$ (m^2)

5. (직사각형 모양의 운동장의 넓이)
$=$(가로)$\times$(세로)
$=60\frac{1}{2}\times80=\frac{121}{\underset{1}{\cancel{2}}}\times\overset{40}{\cancel{80}}$
$=4840$ (m^2)

DAY 17

47쪽
48쪽

연산 UP

1 $3\frac{3}{4}$

2 20

3 $1\frac{7}{8}$

4 $\frac{1}{2}$

5 $\frac{49}{150}$

6 24

7 $4\frac{1}{40}$

8 $1\frac{1}{4}$

9 $21\frac{2}{3}$

10 $10\frac{1}{5}$

11 $\frac{16}{63}$

12 $2\frac{2}{5}$

13 $\frac{5}{18}$

14 $1\frac{25}{44}$

응용 UP

1 $1\frac{1}{6}\times5=\frac{7}{6}\times5=\frac{35}{6}=5\frac{5}{6}$

2 $\frac{3}{\cancel{8}_{2}}\times\frac{\cancel{12}^{3}}{13}=\frac{9}{26}$

3 $2\frac{2}{9}\times1\frac{3}{5}=\frac{\cancel{20}^{4}}{9}\times\frac{8}{\cancel{5}_{1}}=\frac{32}{9}=3\frac{5}{9}$

응용 UP

1 $\frac{7}{6}\times5$의 계산에서 분모는 그대로 두고 분자와 자연수를 곱해야 하는데 분모 6에도 5를 곱하여 계산을 잘못하였습니다.

2 $\frac{3}{8}\times\frac{12}{13}$의 계산에서 분모와 분자를 약분해야 하는데 분자끼리 약분하여 계산을 잘못하였습니다.

3 대분수의 곱셈은 먼저 대분수를 가분수로 고쳐야 하는데 대분수 상태에서 분모와 분자를 약분하여 계산을 잘못하였습니다.

DAY 18

49쪽
50쪽

연산 UP

1 $\frac{1}{36}$

2 $1\frac{1}{3}$

3 $1\frac{7}{48}$

4 3

5 $1\frac{7}{8}$

6 $3\frac{3}{4}$

7 6

8 $\frac{9}{35}$

9 $\frac{5}{32}$

10 $1\frac{3}{7}$

11 $\frac{10}{27}$

12 $\frac{5}{6}$

13 $\frac{21}{26}$

14 $4\frac{8}{11}$

응용 UP

1 식 $10\times1\frac{4}{5}=18$ 답 18 kg

2 식 $2\frac{2}{3}\times1\frac{1}{4}=3\frac{1}{3}$ 답 $3\frac{1}{3}$ km

3 식 $\frac{5}{6}\times7=5\frac{5}{6}$ 답 $5\frac{5}{6}$분

4 식 $6\frac{4}{9}\times45=290$ 답 290 km

응용 UP

1 $10\times1\frac{4}{5}=\overset{2}{\cancel{10}}\times\frac{9}{\underset{1}{\cancel{5}}}=18$ (kg)

2 $2\frac{2}{3}\times1\frac{1}{4}=\frac{\overset{2}{\cancel{8}}}{3}\times\frac{5}{\underset{1}{\cancel{4}}}=\frac{10}{3}=3\frac{1}{3}$ (km)

3 $\frac{5}{6}\times7=\frac{35}{6}=5\frac{5}{6}$(분)

4 $6\frac{4}{9}\times45=\frac{58}{\underset{1}{\cancel{9}}}\times\overset{5}{\cancel{45}}=290$ (km)

DAY 19

51쪽 52쪽

연산 UP

1 $\frac{1}{10}$

2 $\frac{1}{24}$

3 $\frac{3}{80}$

4 $\frac{1}{7}$

5 $\frac{3}{32}$

6 $\frac{4}{45}$

7 $19\frac{1}{4}$

8 $4\frac{4}{5}$

9 $\frac{25}{84}$

10 $1\frac{7}{26}$

11 $\frac{18}{85}$

12 $1\frac{3}{4}$

응용 UP

1 4명

2 75권

3 3시간

4 5장

연산 UP

3 $\frac{1}{\underset{1}{\cancel{5}}}\times\frac{\overset{1}{\cancel{5}}}{8}\times\frac{3}{10}=\frac{3}{80}$

4 $\frac{\overset{1}{\overset{2}{\cancel{4}}}}{\underset{1}{\cancel{11}}}\times\frac{1}{\underset{1}{\cancel{2}}}\times\frac{\overset{1}{\cancel{11}}}{\underset{7}{\cancel{14}}}=\frac{1}{7}$

5 $\frac{\overset{1}{\cancel{2}}}{\underset{1}{\cancel{3}}}\times\frac{\overset{1}{\cancel{5}}}{\underset{8}{\cancel{16}}}\times\frac{\overset{3}{\cancel{9}}}{\underset{4}{\cancel{20}}}=\frac{3}{32}$

6 $\frac{\overset{2}{\cancel{10}}}{\underset{3}{\cancel{21}}}\times\frac{2}{\underset{1}{\cancel{5}}}\times\frac{\overset{1}{\cancel{7}}}{15}=\frac{4}{45}$

7 $4\frac{2}{5}\times\frac{7}{8}\times5=\frac{\overset{11}{\cancel{22}}}{\underset{1}{\cancel{5}}}\times\frac{7}{\underset{4}{\cancel{8}}}\times\overset{1}{\cancel{5}}=\frac{77}{4}=19\frac{1}{4}$

8 $\overset{3}{\cancel{9}}\times\frac{2}{\underset{1}{\cancel{3}}}\times\frac{4}{5}=\frac{24}{5}=4\frac{4}{5}$

9 $\frac{1}{4}\times\frac{5}{6}\times1\frac{3}{7}=\frac{1}{\underset{2}{\cancel{4}}}\times\frac{5}{6}\times\frac{\overset{5}{\cancel{10}}}{7}=\frac{25}{84}$

10 $\frac{11}{\underset{\underset{2}{\cancel{6}}}{\cancel{12}}}\times\overset{1}{\cancel{2}}\times\frac{\overset{3}{\cancel{9}}}{13}=\frac{33}{26}=1\frac{7}{26}$

11 $\frac{4}{17}\times1\frac{2}{25}\times\frac{5}{6}=\frac{\overset{2}{\cancel{4}}}{17}\times\frac{\overset{9}{\cancel{27}}}{\underset{5}{\cancel{25}}}\times\frac{\overset{1}{\cancel{5}}}{\underset{\underset{1}{\cancel{3}}}{\cancel{6}}}=\frac{18}{85}$

12 $13\times1\frac{9}{26}\times\frac{1}{10}=\overset{1}{\cancel{13}}\times\frac{\overset{7}{\cancel{35}}}{\underset{2}{\cancel{26}}}\times\frac{1}{\underset{2}{\cancel{10}}}$

$=\frac{7}{4}=1\frac{3}{4}$

응용 UP 2 (지윤이가 읽은 철학 동화의 권수)

$=\overset{25}{\cancel{200}}\times\frac{\overset{1}{\cancel{5}}}{\underset{1}{\cancel{8}}}\times\frac{3}{\underset{1}{\cancel{5}}}=75$(권)

3 (소희가 하루에 학교에서 공부를 하는 시간)

$=\overset{\overset{1}{\cancel{4}}}{\cancel{24}}\times\frac{1}{\underset{1}{\cancel{6}}}\times\frac{3}{\underset{1}{\cancel{4}}}=3$(시간)

4 어제 사용하고 남은 색종이: 50장의 $1-\frac{4}{5}=\frac{1}{5}$

➡ (오늘 사용한 색종이의 수)$=\overset{\overset{5}{\cancel{10}}}{\cancel{50}}\times\frac{1}{\underset{1}{\cancel{5}}}\times\frac{1}{\underset{1}{\cancel{2}}}=5$(장)

DAY 20

53쪽
54쪽

연산 UP

1	>	8	<
2	<	9	<
3	>	10	>
4	>	11	>
5	<	12	>
6	>	13	<
7	<		

응용 UP

1 예 6, 5 / $\frac{1}{30}$

2 예 9, 7 / $\frac{1}{63}$

3 예 4, 5 / $\frac{1}{20}$

4 $8\frac{1}{3}$, $1\frac{3}{8}$ / $11\frac{11}{24}$

5 $13\frac{13}{36}$

6 $14\frac{11}{15}$

응용 UP 2 단위분수는 분모가 클수록 작은 수이므로 분모에 가장 큰 수인 9와 두 번째로 큰 수인 7을 넣으면 계산 결과가 가장 작습니다.

➡ $\frac{1}{9}\times\frac{1}{7}=\frac{1}{63}$ 또는 $\frac{1}{7}\times\frac{1}{9}=\frac{1}{63}$

3 단위분수는 분모가 작을수록 큰 수이므로 분모에 가장 작은 수인 4와 두 번째로 작은 수인 5를 넣으면 계산 결과가 가장 큽니다.

➡ $\frac{1}{4}\times\frac{1}{5}=\frac{1}{20}$ 또는 $\frac{1}{5}\times\frac{1}{4}=\frac{1}{20}$

4 가장 큰 대분수: $8\frac{1}{3}$, 가장 작은 대분수: $1\frac{3}{8}$ ➡ $8\frac{1}{3}\times1\frac{3}{8}=\frac{25}{3}\times\frac{11}{8}=\frac{275}{24}=11\frac{11}{24}$

5 가장 큰 대분수: $9\frac{1}{4}$, 가장 작은 대분수: $1\frac{4}{9}$ ➡ $9\frac{1}{4}\times1\frac{4}{9}=\frac{37}{4}\times\frac{13}{9}=\frac{481}{36}=13\frac{13}{36}$

6 가장 큰 대분수: $5\frac{2}{3}$, 가장 작은 대분수: $2\frac{3}{5}$ ➡ $5\frac{2}{3}\times2\frac{3}{5}=\frac{17}{3}\times\frac{13}{5}=\frac{221}{15}=14\frac{11}{15}$

DAY 21

55쪽
56쪽

응용 UP

1 30
2 40
3 50
4 18
5 16
6 $\frac{1}{3}$
7 $\frac{3}{5}$
8 $\frac{5}{12}$
9 $\frac{8}{15}$
10 $\frac{29}{30}$

응용 UP

1 130 km
2 $6\frac{2}{3}$ km
3 $191\frac{1}{4}$ L
4 $5\frac{5}{8}$ km

응용 UP (55쪽)

2 $\frac{2}{\cancel{3}_1}\times\cancel{60}^{20}=40$(분)

3 $\frac{5}{\cancel{6}_1}\times\cancel{60}^{10}=50$(분)

4 $\frac{3}{\cancel{10}_1}\times\cancel{60}^{6}=18$(분)

5 $\frac{4}{\cancel{15}_1}\times\cancel{60}^{4}=16$(분)

7 $36\times\frac{1}{60}=\frac{\cancel{36}^3}{\cancel{60}_5}=\frac{3}{5}$(시간)

8 $25\times\frac{1}{60}=\frac{\cancel{25}^5}{\cancel{60}_{12}}=\frac{5}{12}$(시간)

9 $32\times\frac{1}{60}=\frac{\cancel{32}^8}{\cancel{60}_{15}}=\frac{8}{15}$(시간)

10 $58\times\frac{1}{60}=\frac{\cancel{58}^{29}}{\cancel{60}_{30}}=\frac{29}{30}$(시간)

응용 UP (56쪽)

2 20분$=\frac{20}{60}$시간$=\frac{1}{3}$시간이므로 1시간 20분$=1\frac{1}{3}$시간

➡ $5\times1\frac{1}{3}=5\times\frac{4}{3}=\frac{20}{3}=6\frac{2}{3}$ (km)

3 15분$=\frac{15}{60}$시간$=\frac{1}{4}$시간이므로 2시간 15분$=2\frac{1}{4}$시간

➡ $85\times2\frac{1}{4}=85\times\frac{9}{4}=\frac{765}{4}=191\frac{1}{4}$ (L)

4 30분$=\frac{30}{60}$시간$=\frac{1}{2}$시간이므로 1시간 30분$=1\frac{1}{2}$시간

➡ $3\frac{3}{4}\times1\frac{1}{2}=\frac{15}{4}\times\frac{3}{2}=\frac{45}{8}=5\frac{5}{8}$ (km)

DAY 22

57쪽
58쪽

1 (1) 15 / 3, 3 (2) 5 / 7, 3 / 11, 2
(3) 1 / 2 / $\frac{5}{18}$ (4) 8, 1 / 3 / $3\frac{3}{7}$

2 (1) $4\frac{4}{5}$ (2) $2\frac{2}{5}$
(3) $\frac{1}{12}$ (4) $\frac{1}{6}$
(5) $10\frac{5}{11}$ (6) 3
(7) $\frac{3}{13}$ (8) $1\frac{1}{12}$

3 $6\frac{2}{5}$ kg

4 $2\frac{1}{4}$ m

5 $12\frac{2}{5}$ kg

6 $20\frac{7}{12}$

7 $173\frac{1}{3}$ km

2 (1) $1\frac{1}{5}\times4=\frac{6}{5}\times4=\frac{24}{5}=4\frac{4}{5}$

(2) $\overset{4}{\cancel{8}}\times\frac{3}{\underset{5}{\cancel{10}}}=\frac{12}{5}=2\frac{2}{5}$

(3) $\frac{\overset{1}{\cancel{3}}}{\underset{4}{\cancel{8}}}\times\frac{\overset{1}{\cancel{2}}}{\underset{3}{\cancel{9}}}=\frac{1}{12}$

(5) $3\frac{5}{6}\times2\frac{8}{11}=\frac{23}{\underset{1}{\cancel{6}}}\times\frac{\overset{5}{\cancel{30}}}{11}=\frac{115}{11}=10\frac{5}{11}$

(6) $1\frac{5}{7}\times1\frac{3}{4}=\frac{\overset{3}{\cancel{12}}}{\underset{1}{\cancel{7}}}\times\frac{\overset{1}{\cancel{7}}}{\underset{1}{\cancel{4}}}=3$

(7) $2\frac{10}{13}\times\frac{1}{12}=\frac{\overset{3}{\cancel{36}}}{13}\times\frac{1}{\underset{1}{\cancel{12}}}=\frac{3}{13}$

(8) $\frac{7}{8}\times1\frac{5}{21}=\frac{\overset{1}{\cancel{7}}}{\underset{4}{\cancel{8}}}\times\frac{\overset{13}{\cancel{26}}}{\underset{3}{\cancel{21}}}=\frac{13}{12}=1\frac{1}{12}$

3 (강아지의 무게)$=3\frac{5}{9}\times1\frac{4}{5}=\frac{32}{\underset{1}{\cancel{9}}}\times\frac{\overset{1}{\cancel{9}}}{5}=\frac{32}{5}=6\frac{2}{5}$ (kg)

4 (리본을 만드는 데 사용한 끈의 길이)$=2\frac{4}{7}\times\frac{7}{8}=\frac{\overset{9}{\cancel{18}}}{\underset{1}{\cancel{7}}}\times\frac{\overset{1}{\cancel{7}}}{\underset{4}{\cancel{8}}}=\frac{9}{4}=2\frac{1}{4}$ (m)

5 (통나무 $4\frac{2}{15}$ m의 무게)$=3\times4\frac{2}{15}=\overset{1}{\cancel{3}}\times\frac{62}{\underset{5}{\cancel{15}}}=\frac{62}{5}=12\frac{2}{5}$ (kg)

6 가장 큰 대분수: $8\frac{2}{3}$, 가장 작은 대분수: $2\frac{3}{8}$

➡ $8\frac{2}{3}\times2\frac{3}{8}=\frac{\overset{13}{\cancel{26}}}{3}\times\frac{19}{\underset{4}{\cancel{8}}}=\frac{247}{12}=20\frac{7}{12}$

7 10분$=\frac{10}{60}$시간$=\frac{1}{6}$시간이므로 2시간 10분$=2\frac{1}{6}$시간

➡ $80\times2\frac{1}{6}=\overset{40}{\cancel{80}}\times\frac{13}{\underset{3}{\cancel{6}}}=\frac{520}{3}=173\frac{1}{3}$ (km)

03 합동과 대칭

DAY 23

63쪽 64쪽

연산 UP

1 (   ) (   ) (○) (   )

2 (○) (   ) (   ) (   )

3 (   ) (○) (   ) (   )

4 (   ) (   ) (   ) (○)

응용 UP

1 (1) ○ (2) × (3) ○ (4) × (5) ○ (6) ×

2 (1) ○ (2) ○ (3) × (4) × (5) × (6) ○

응용 UP

1 (2) 변 ㄹㄷ의 대응변은 변 ㅇㅅ입니다.

(4) 점 ㄴ의 대응점은 점 ㅅ입니다.

(6) 각 ㄴㄷㄹ의 대응각은 각 ㅅㅂㅁ입니다.

2 (3) 각 ㄱㄷㄴ의 대응각은 각 ㄹㅁㅂ입니다.

(4) 대응점은 3쌍입니다.

(5) 변 ㄴㄷ의 대응변은 변 ㄷㄴ입니다.

DAY 24

65쪽 66쪽

연산 UP

1 (위에서부터) 7, 8

2 (위에서부터) 11, 9

3 (왼쪽에서부터) 6, 8

4 (왼쪽에서부터) 3, 4, 5

5 (위에서부터) 130, 70

6 50

7 (왼쪽에서부터) 105, 75

8 (왼쪽에서부터) 35, 25, 120

응용 UP

1 34 cm

2 6 cm

3 30°

4 100°

응용 UP

1 (변 ㅁㅂ)=(변 ㄱㄴ)=8 cm

(변 ㅁㅇ)=(변 ㄱㄹ)=9 cm

➡ (사각형 ㅁㅂㅅㅇ의 둘레)

=8+11+6+9=34 (cm)

2 (변 ㄴㄷ)=(변 ㅂㅁ)=12 cm

➡ (변 ㄱㄷ)=28−(10+12)=6 (cm)

3 (각 ㄴㄱㄷ)=(각 ㄹㅁㄷ)=60°

➡ 삼각형의 세 각의 크기의 합은 180°이므로

(각 ㄱㄷㄴ)=180°−(60°+90°)

=30°

4 (각 ㅂㅁㄹ)=(각 ㅂㄱㄴ)=100°

(각 ㅂㄷㄹ)=(각 ㅂㄷㄴ)=90°

➡ 사각형의 네 각의 크기의 합은 360°이므로

(각 ㅁㅂㄷ)=360°−(90°+70°+100°)

=100°

DAY 25

67쪽
68쪽

연산 UP

1
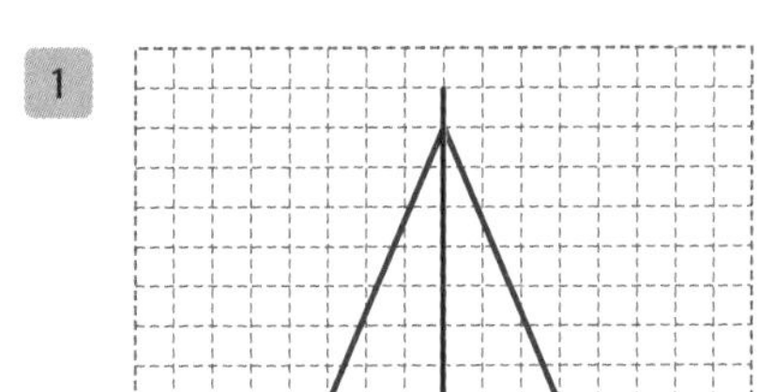

5
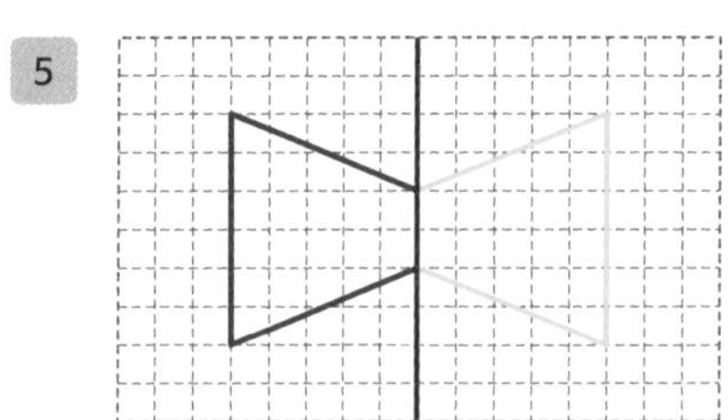

2
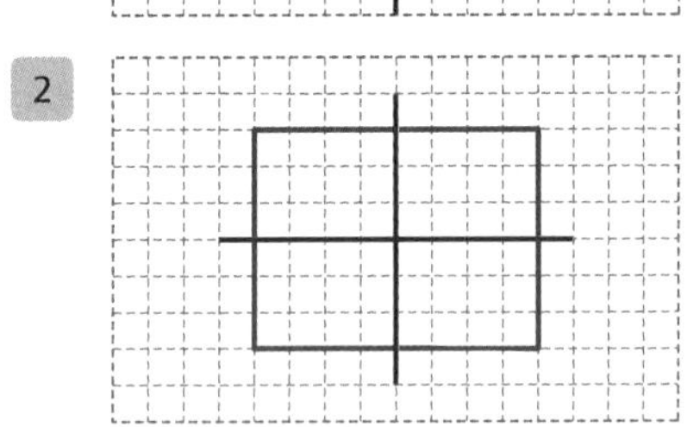

6
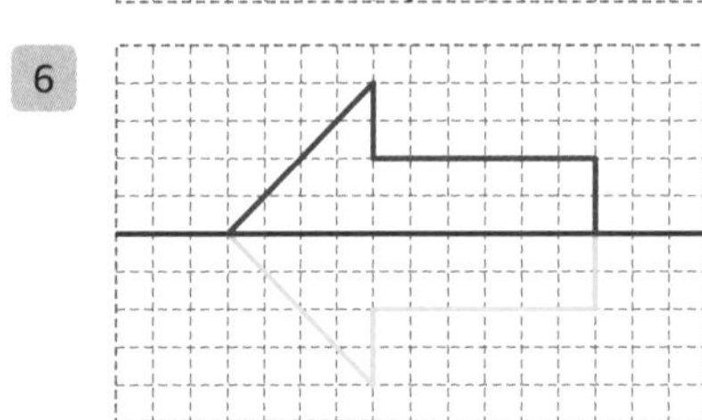

3
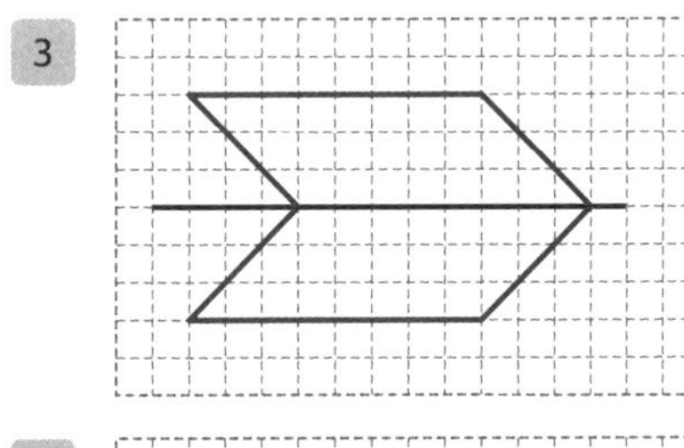

7
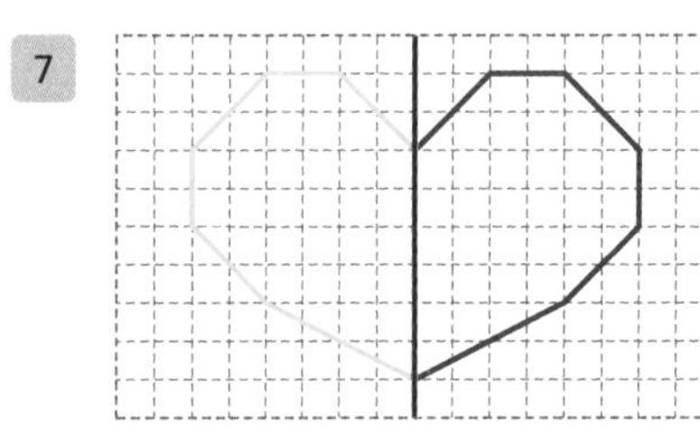

4
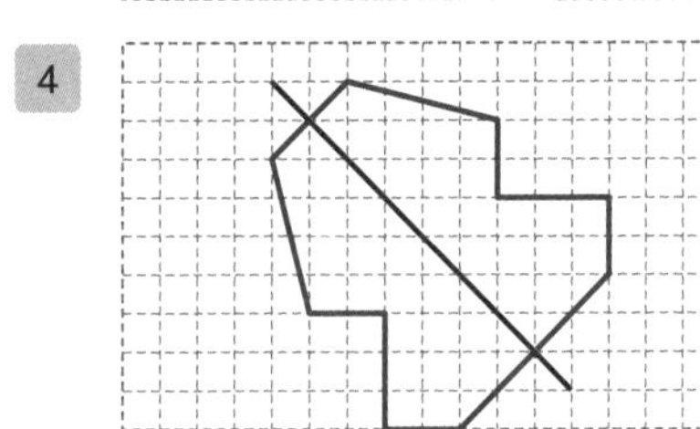

8
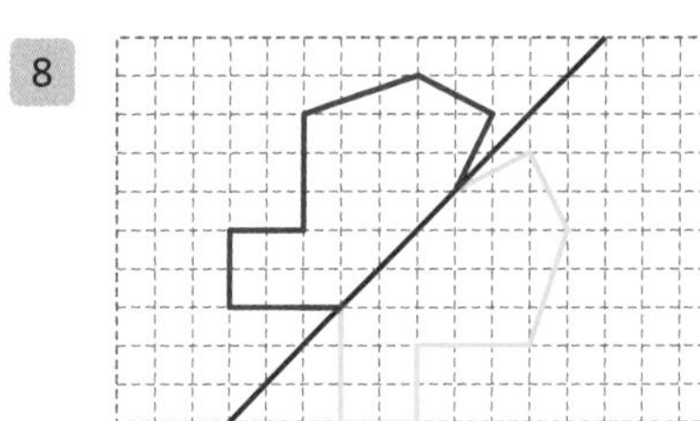

응용 UP

1

수

5

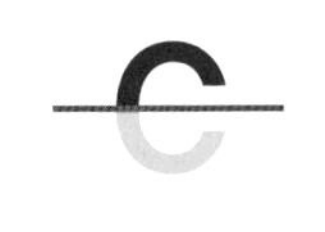
C

9

종

2 머

6 T

10 데

3 아이

7 BOX

11 매미

4 모습

8

WHY

12 우주

DAY 26

69쪽
70쪽

연산 UP

1 (위에서부터) 6, 4
2 (위에서부터) 3, 7, 5
3 (위에서부터) 9, 7
4 (왼쪽에서부터) 8, 10
5 (위에서부터) 70, 110
6 (위에서부터) 75, 95, 100
7 (위에서부터) 90, 35
8 (왼쪽에서부터) 120, 90, 20

응용 UP

1 30 cm
2 5 cm
3 70°

응용 UP

1 (변 ㄱㄹ)=(변 ㄴㄷ)=(변 ㅂㄹ)=(변 ㅁㄷ)=4 cm, (변 ㅂㅁ)=(변 ㄱㄴ)=7 cm
➡ (둘레)=$4\times4+7\times2=30$ (cm)

2 (변 ㄱㄴ)=(변 ㄱㄷ)=13 cm이므로 (변 ㄴㄷ)=$36-(13+13)=10$ (cm)
대칭축은 변 ㄴㄷ을 둘로 똑같이 나누므로 (선분 ㄴㄹ)=$10\div2=5$ (cm)

3 (각 ㄱㄴㄷ)=(각 ㄴㄱㄹ)=110°, (각 ㄴㄷㄹ)+(각 ㄱㄹㄷ)=360°−(110°+110°)=140°
(각 ㄴㄷㄹ)=(각 ㄱㄹㄷ)이므로 (각 ㄴㄷㄹ)=140°÷2=70°
└ 사각형의 네 각의 크기의 합은 360°입니다.

DAY 27

71쪽

연산 UP

1
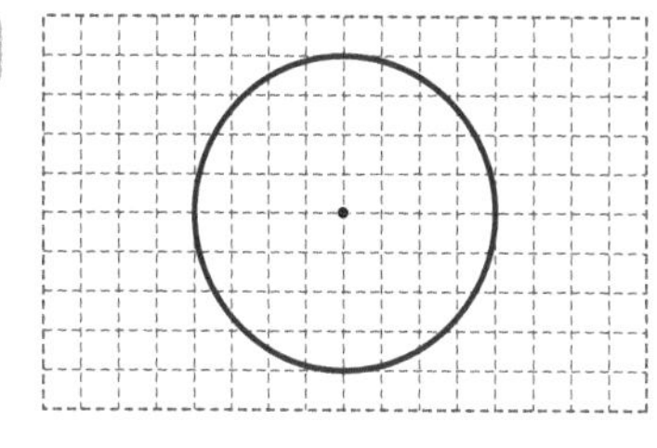

2
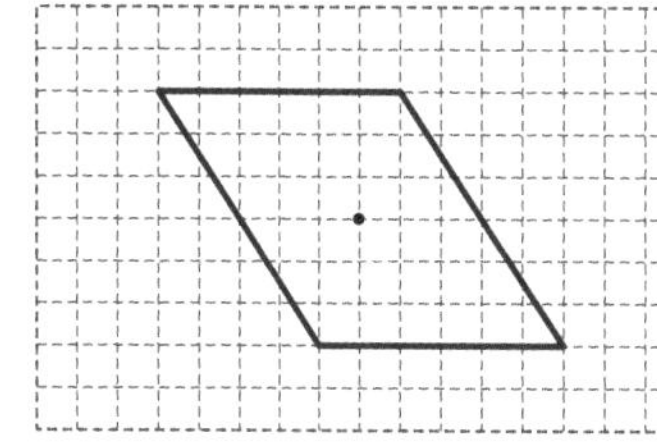

3
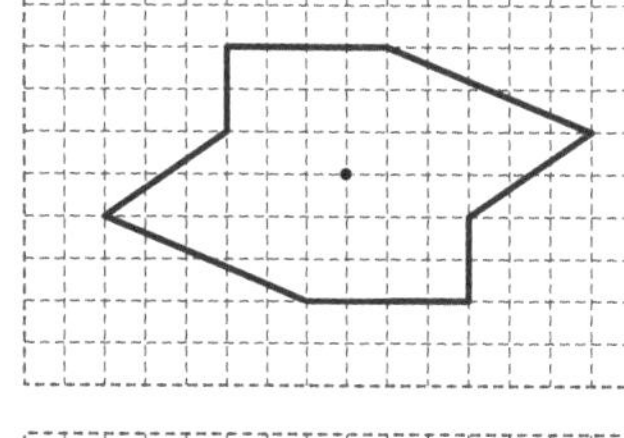

4
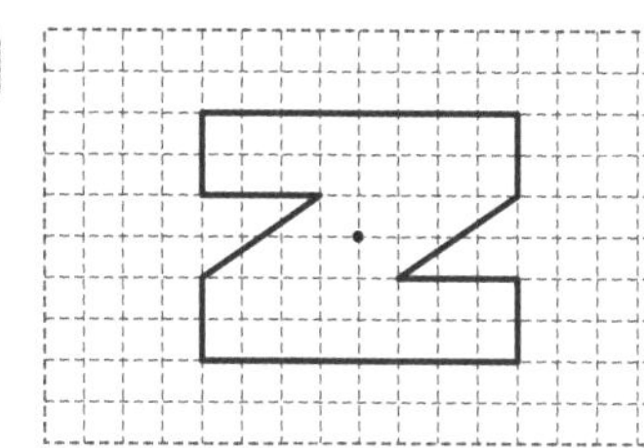

5
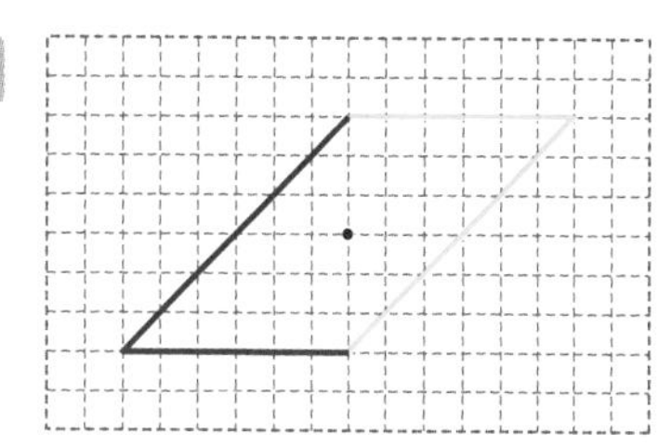

6
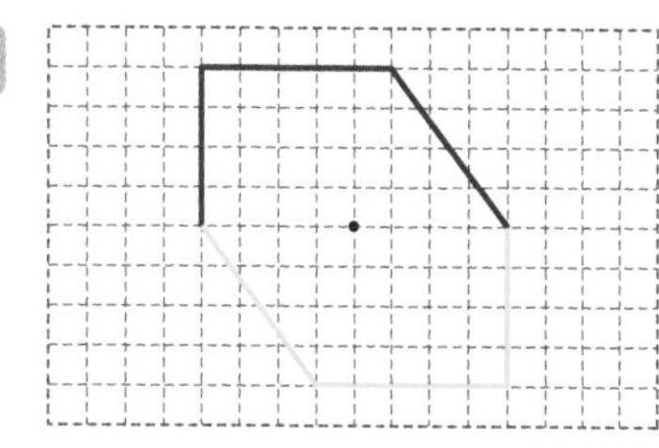

7
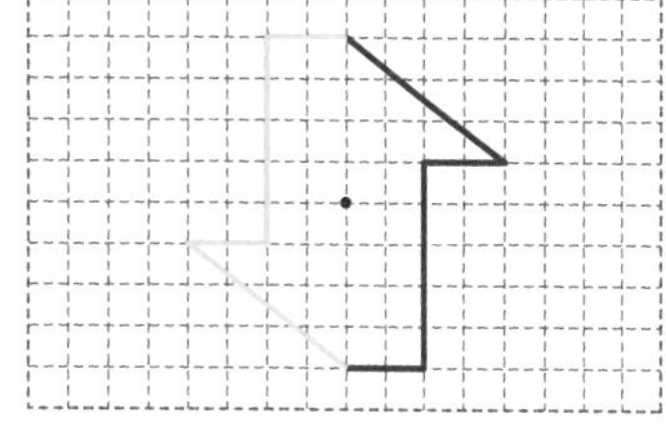

8
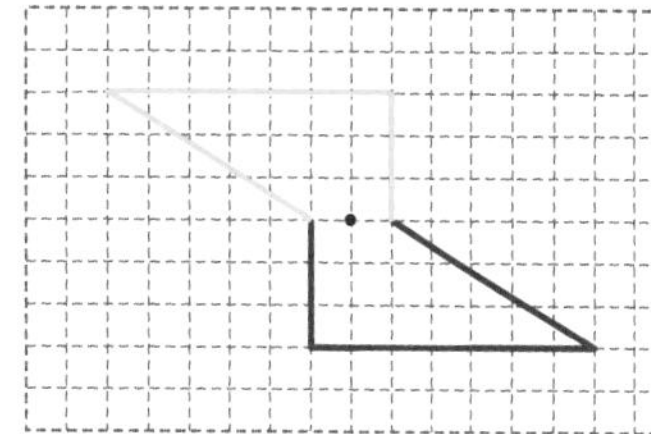

DAY 27

72쪽

응용 UP

번호		번호		번호		번호		번호		번호	
1	V	3		5	V	7	V	9	V	11	V
	V		V								V
2	V	4	V	6	V	8		10		12	
			V		V		V		V		

DAY 28

73쪽 74쪽

연산 UP

1 (왼쪽에서부터) 8, 7

2 (왼쪽에서부터) 6, 5

3 (위에서부터) 4, 2

4 (위에서부터) 5, 3

5 (위에서부터) 60, 120

6 (위에서부터) 130, 140

7 (위에서부터) 70, 90

8 (왼쪽에서부터) 145, 110

응용 UP

1 6 cm

2 85°

3 12 cm^2

응용 UP

1 선분 ㄱㄷ은 대칭의 중심에 의해 둘로 똑같이 나누어지므로 (선분 ㅇㄷ)$=12\div2=6$ (cm)

2 (각 ㄱㄴㄷ)=(각 ㄹㅁㅂ)$=120^\circ$

사각형의 네 각의 크기의 합은 360°이므로

사각형 ㄱㄴㄷㅂ에서 (각 ㄱㅂㄷ)$=360^\circ-(90^\circ+120^\circ+65^\circ)=85^\circ$

3 (변 ㄱㄴ)=(변 ㄹㅁ)$=4$ cm

선분 ㄷㅂ을 그으면 삼각형 ㄱㄴㅂ은 직각삼각형이므로

(삼각형 ㄱㄴㅂ의 넓이)$=4\times3\div2=6$ (cm^2) ➡ (점대칭도형의 넓이)$=6\times2=12$ (cm^2)

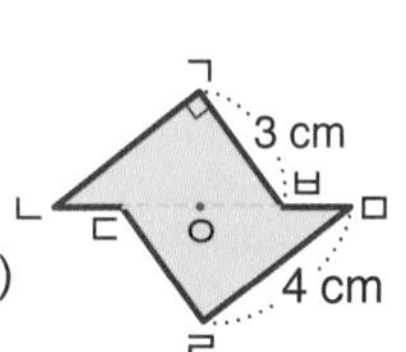

DAY 29

75쪽 76쪽

1 (1) (위에서부터) 6, 5 (2) (위에서부터) 40, 50

(3) (위에서부터) 4, 7 (4) (위에서부터) 6, 80 / 100, 8

2 (1) (왼쪽에서부터) 9, 30 (2) (위에서부터) 6, 5, 130

3 (1) (왼쪽에서부터) 140, 6, 7 (2) (왼쪽에서부터) 10, 4, 35

4 O, I

5 85°

6 32 cm^2

7 4 cm

5 (각 ㄱㄴㄷ)=(각 ㄹㄷㄴ)$=120^\circ$, (각 ㄱㄴㅁ)=(각 ㄱㄴㄷ)−(각 ㄹㄴㄷ)$=120^\circ-35^\circ=85^\circ$

6 선대칭도형에서 대응점끼리 이은 선분은 대칭축과 수직으로 만나므로 사각형 ㄱㄴㄷㄹ은 사다리꼴입니다.

(선분 ㄹㅁ)=(선분 ㄱㅁ)$=5$ cm, (변 ㄱㄹ)$=5+5=10$ (cm)

(사각형 ㄱㄴㄷㄹ의 넓이)$=(10+6)\times4\div2=32$ (cm^2)

7 (변 ㄱㄴ)=(변 ㄹㅁ)$=9$ cm, (변 ㄷㄹ)=(변 ㅂㄱ)$=7$ cm이므로

(변 ㄴㄷ)+(변 ㅁㅂ)$=40-(9\times2+7\times2)=8$ (cm) ➡ (변 ㄴㄷ)=(변 ㅁㅂ)이므로 (변 ㄴㄷ)$=8\div2=4$ (cm)

04 소수의 곱셈

DAY 30 (81쪽, 82쪽)

연산 UP

1	0.6	5	15.6	9	0.63
2	0.48	6	32.68	10	8.3
3	5.6	7	19.5	11	193.2
4	12.24	8	71.28	12	242

응용 UP

	식	답
1	$0.6 \times 4 = 2.4$	2.4 m
2	$2.19 \times 5 = 10.95$	10.95 km
3	$9.5 \times 12 = 114$	114 g
4	$10.4 \times 3 = 31.2$	31.2 cm
5	$1.6 \times 7 = 11.2$	11.2 L

응용 UP 5 일주일은 7일입니다.

DAY 31 (83쪽, 84쪽)

연산 UP

1	3.6	4	15.75	7	29.2
2	8.4	5	341.12	8	45
3	6.89	6	370.62	9	40

응용 UP

	식	답
1	$820 \times 0.4 = 328$	328 mL
2	$34 \times 2.5 = 85$	85 kg
3	$6 \times 5.3 = 31.8$	31.8 m^2
4	$300 \times 8.7 = 2610$	2610원
5	$31 \times 0.38 = 11.78$	11.78 kg

DAY 32 (85쪽, 86쪽)

연산 UP

1	0.06	5	0.0128	9	0.216
2	1.21	6	0.102	10	0.552
3	13.02	7	3.0327	11	74.495
4	5.22	8	9.4965	12	43.416

응용 UP

	식	답
1	$3.5 \times 5.6 = 19.6$	19.6 cm
2	$1.6 \times 1.04 = 1.664$	1.664 m
3	$34.8 \times 0.75 = 26.1$	26.1 kg
4	$14.5 \times 2.2 = 31.9$	31.9 m^2
5	$1.81 \times 1.3 = 2.353$	2.353 m

DAY 33

87쪽
88쪽

연산 UP

1	0.16	4	0.028	7	8.2908
2	0.25	5	2.6264	8	32.926
3	65.61	6	13.746	9	33.088

응용 UP

1 식 $0.9 \times 0.85 = 0.765$ 답 0.765 kg

2 식 $0.38 \times 0.08 = 0.0304$ 답 0.0304 kg

3 식 $60.8 \times 0.4 = 24.32$ 답 24.32 m

4 식 $7.5 \times 0.9 = 6.75$ 답 6.75 km

5 식 $2.2 \times 0.17 = 0.374$ 답 0.374 L

DAY 34

89쪽
90쪽

연산 UP

1	5.4	5	10.2	9	0.1
2	8.1	6	23.25	10	0.1311
3	41.2	7	253.8	11	3.366
4	86.8	8	92.17	12	0.57

응용 UP

1 식 $2.4 \times 3.5 = 8.4$ 답 8.4 kg

2 식 $4.52 \times 7 = 31.64$ 답 31.64 m^2

3 식 $6.75 \times 500 = 3375$ 답 3375 kg

4 식 $0.07 \times 0.8 = 0.056$ 답 0.056 L

5 28080원

응용 UP 5 1800 g=1.8 kg이므로 $15600 \times 1.8 = 28080$(원)

DAY 35

91쪽
92쪽

연산 UP

1	5.5	5	0.63	9	0.258
2	0.78	6	0.0008	10	0.135
3	74.34	7	5.2353	11	18.876
4	175.1	8	9.8968	12	1.665

응용 UP

1	5.85	3	46.62
2	162.18	4	178

응용 UP 2 6000원은 1000원의 6배이므로 $27.03 \times 6 = 162.18$(바트)

3 7000원은 1000원의 7배이므로 $6.66 \times 7 = 46.62$(리라)

4 50000원은 1000원의 50배이므로 $3.56 \times 50 = 178$(링깃)

DAY 36

93쪽 94쪽

연산 UP

1. 7.8
2. 1.6
3. 0.1568
4. 67.59
5. 68.9
6. 1.5402
7. 130.5
8. 302.1
9. 0.32
10. 39.2
11. 7.36
12. 20.079

응용 UP

1. 7.5시간
2. 3.5시간
3. 2.25 cm
4. 8 L
5. 9.45 km

응용 UP

2 30분=0.5시간이고, 일주일은 7일이므로
$0.5 \times 7 = 3.5$(시간)

4 2분 30초=2.5분이므로
$3.2 \times 2.5 = 8$ (L)

3 15분=0.25시간이므로
$9 \times 0.25 = 2.25$ (cm)

5 15초=0.25분 ➡ 5분 15초=5.25분이므로
$1.8 \times 5.25 = 9.45$ (km)

DAY 37

95쪽 96쪽

연산 UP

1. 17, 0.3 / 5.1
2. 506, 2.6 / 1315.6
3. 819, 0.4 / 327.6
4. 2.9, 6 / 17.4
5. 9.03, 4 / 36.12
6. 7.46, 12 / 89.52
7. 0.49, 0.8 / 0.392
8. 1.25, 0.4 / 0.5
9. 7.23, 1.7 / 12.291

응용 UP

1. 예 9, 2, 5, 4 / 49.68
2. 예 8, 1, 7, 3 / 59.13
3. 예 9, 5, 8, 6 / 0.817
4. 예 1, 6, 2, 7 / 4.32
5. 예 4, 7, 6, 9 / 32.43
6. 예 2, 5, 3, 8 / 0.095

응용 UP

2 곱이 크려면 자연수에 큰 수를 넣습니다.
$8.1 \times 7.3 = 59.13$
$8.3 \times 7.1 = 58.93$

5 곱이 작으려면 자연수에 작은 수를 넣습니다.
$4.7 \times 6.9 = 32.43$
$4.9 \times 6.7 = 32.83$

3 곱이 크려면 소수 첫째 자리에 큰 수를 넣습니다.
$0.95 \times 0.86 = 0.817$
$0.96 \times 0.85 = 0.816$

6 곱이 작으려면 소수 첫째 자리에 작은 수를 넣습니다.
$0.25 \times 0.38 = 0.095$
$0.28 \times 0.35 = 0.098$

DAY 38

97쪽
98쪽

연산 UP

1. 5.87, 58.7, 587
2. 73.19, 731.9, 7319
3. 0.7, 7, 70
4. 2, 20, 200
5. 35.4, 354, 3540
6. 16, 160, 1600
7. 95, 950, 9500
8. 403, 4030, 40300
9. 35.4, 354, 3540
10. 106.8, 1068, 10680

응용 UP

1. 식 $6.2 \times 100 = 620$
   답 620 g
2. 식 $45.7 \times 1000 = 45700$
   답 45700 g
3. 식 $0.65 \times 1000 = 650$
   답 650 kg
4. 0.47 kg
5. 윤주

응용 UP 4 100개는 10개의 10배이므로
$0.047 \times 10 = 0.47$ (kg)

5 창민: $1.2 \times 100 = 120$ (L)
윤주: $0.19 \times 1000 = 190$ (L)
➡ $120 < 190$이므로
윤주가 산 음료수의 양이 더 많습니다.

DAY 39

99쪽
100쪽

연산 UP

1. 36.9, 3.69, 0.369
2. 71.5, 7.15, 0.715
3. 2.6, 0.26, 0.026
4. 0.8, 0.08, 0.008
5. 1.4, 0.14, 0.014
6. 5, 0.5, 0.05
7. 67, 6.7, 0.67
8. 90.3, 9.03, 0.903
9. 114.8, 11.48, 1.148
10. 203, 20.3, 2.03

응용 UP

1. 식 $500 \times 0.01 = 5$
   답 5점
2. 식 $6400 \times 0.001 = 6.4$
   답 6.4점
3. 식 $7000 \times 0.01 = 70$
   답 70원
4. 식 $52000 \times 0.1 = 5200$
   답 5200원
5. 식 $2800000 \times 0.01 = 28000$
   답 28000원

DAY 40

101쪽
102쪽

연산 UP

1. 15.52, 1.552, 0.1552
2. 9.02, 0.902, 0.0902
3. 5.74, 0.574, 0.0574
4. 84.27, 8.427, 0.8427
5. 0.36, 0.036, 0.0036
6. 2.48, 0.248, 0.0248
7. 27.9, 2.79, 0.279
8. 81, 8.1, 0.81

응용 UP

1. (1) 1.3 (2) 4.85
2. (1) 9.4 (2) 6.27
3. (1) 1.08 (2) 0.52
4. (1) 2.5 (2) 0.76
5. (1) 4.3 (2) 3.4
6. (1) 0.7 (2) 2.19

응용 UP 2 (1) 62.7은 627의 0.1배, 589.38은 58938의 0.01배

➡ □ 안에 알맞은 수는 94의 0.1배인 9.4

(2) 9.4는 94의 0.1배, 58.938은 58938의 0.001배

➡ □ 안에 알맞은 수는 627의 0.01배인 6.27

4 (1) 7.6은 76의 0.1배, 19는 1900의 0.01배

➡ □ 안에 알맞은 수는 25의 0.1배인 2.5

(2) 2.5는 25의 0.1배, 1.9는 1900의 0.001배

➡ □ 안에 알맞은 수는 76의 0.01배인 0.76

DAY 41

103쪽
104쪽

1 (1) 2.4 (2) 3.3 (3) 7.28 (4) 2.17 (5) 21 (6) 1.3 (7) 0.0027 (8) 54.72 (9) 0.8, 8, 80 (10) 75.3, 7.53, 0.753

2 (1) 7.84, 0.784, 0.0784 (2) 3.4, 0.34, 0.034

3 (1) 2.17 (2) 0.15

4 $2\times0.55=1.1$, 1.1 L

5 $1.95\times7=13.65$, 13.65 km

6 $7.04\times650=4576$, 4576 kg

7 예 9, 1, 8, 4 / 76.44

3 (1) 1.5는 15의 0.1배, 3.255는 3255의 0.001배

➡ □ 안에 알맞은 수는 217의 0.01배인 2.17

(2) 2.17은 217의 0.01배, 0.3255는 3255의 0.0001배

➡ □ 안에 알맞은 수는 15의 0.01배인 0.15

7 곱이 크려면 자연수에 큰 수를 넣습니다.

$9.1\times8.4=76.44$, $9.4\times8.1=76.14$

05 직육면체

DAY 42

109쪽 110쪽

연산 UP

1. 5 cm / 4 cm, 5 cm, 3 cm
2. 10 cm / 6 cm, 10 cm, 3 cm
3. 5 cm / 5 cm, 9 cm, 7 cm
4. 4 cm / 4 cm, 7 cm, 4 cm
5. 8 cm / 8 cm, 8 cm, 8 cm
6. 6 cm, 2 cm, 5 cm / 5 cm, 2 cm, 6 cm
7. 5 cm, 12 cm, 4 cm / 12 cm, 4 cm, 5 cm
8. 10 cm, 8 cm, 8 cm / 8 cm, 8 cm, 10 cm
9. 8 cm, 9 cm, 5 cm / 8 cm, 9 cm, 5 cm
10. 7 cm, 3 cm, 4 cm / 7 cm, 4 cm, 3 cm

응용 UP

1	22 cm	4	56 cm
2	30 cm	5	80 cm
3	36 cm	6	124 cm

응용 UP

2 길이가 9 cm인 모서리: 2번, 길이가 6 cm인 모서리: 2번 ➡ $9 \times 2 + 6 \times 2 = 30$ (cm)

3 길이가 10 cm인 모서리: 2번, 길이가 8 cm인 모서리: 2번 ➡ $10 \times 2 + 8 \times 2 = 36$ (cm)

4 길이가 11 cm인 모서리: 2번, 길이가 7 cm인 모서리: 2번, 길이가 5 cm인 모서리: 4번
➡ $11 \times 2 + 7 \times 2 + 5 \times 4 = 56$ (cm)

5 길이가 10 cm인 모서리: 8번 ➡ $10 \times 8 = 80$ (cm)

6 길이가 9 cm인 모서리: 4번, 길이가 14 cm인 모서리: 4번, 길이가 8 cm인 모서리: 4번
➡ $9 \times 4 + 14 \times 4 + 8 \times 4 = 124$ (cm)

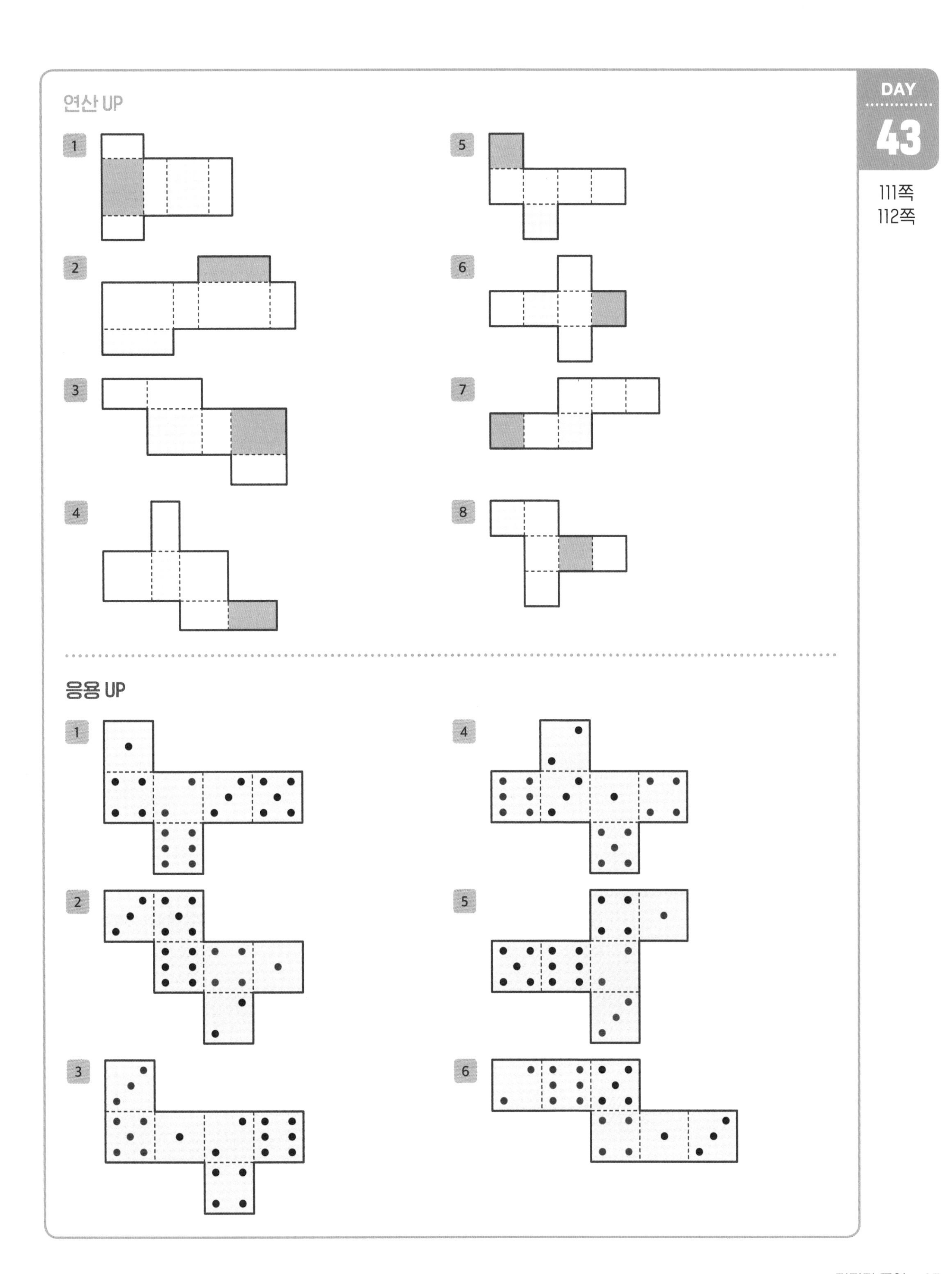

연산 UP
1
2
3
4
5
6
7
8
응용 UP
1
2
3
4
5
6
DAY
43
111쪽
112쪽

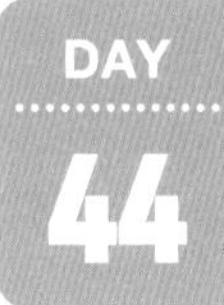

113쪽
114쪽

연산 UP

1 ○
2 ○
3 ×
4 ○
5 ×
6 ○
7 ×
8 ○

응용 UP

1 ㉡에 ○표
2 ㉢에 ○표
3 ㉠에 ○표
4 ㉠에 ○표
5 ㉡에 ○표
6 ㉢에 ○표

연산 UP

3 두 면이 겹칩니다.

5 두 면이 겹칩니다.
면이 7개이므로 정육면체의 전개도가 아닙니다.

7 두 면이 겹칩니다.

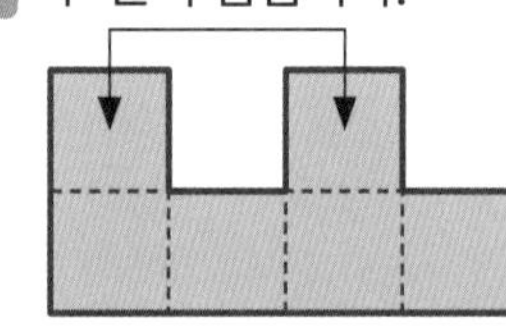

응용 UP

2 ㉠ 'C'면과 'E'면은 평행한 면이므로 만날 수 없습니다.
㉡ 'B'면과 'D'면은 평행한 면이므로 만날 수 없습니다.

3 ㉡ '가'면과 '마'면은 평행한 면이므로 만날 수 없습니다.
㉢ '바'면과 '다'면은 평행한 면이므로 만날 수 없습니다.

4 ㉡ '♣'면과 '◆'면은 평행한 면이므로 만날 수 없습니다.
㉢ '♥'면과 '★'면은 평행한 면이므로 만날 수 없습니다.

5 ㉠ 'E'면과 'C'면은 평행한 면이므로 만날 수 없습니다.
㉢ 'B'면과 'D'면은 평행한 면이므로 만날 수 없습니다.

6 ㉠ '라'면과 '나'면은 평행한 면이므로 만날 수 없습니다.
㉡ '가'면과 '바'면은 평행한 면이므로 만날 수 없습니다.

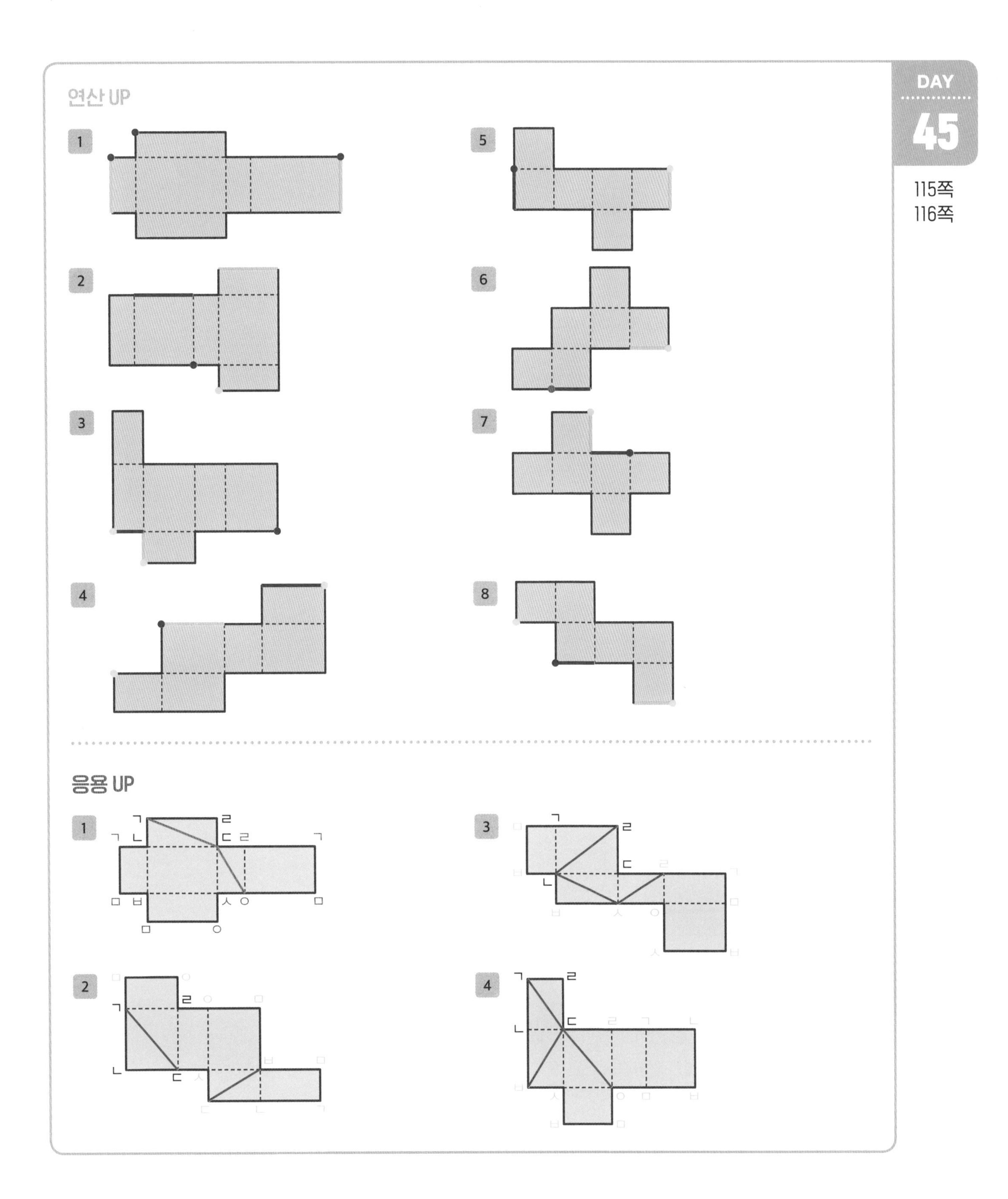
DAY
45
115쪽
116쪽
연산 UP
1
2
3
4
5
6
7
8
응용 UP
1
2
3
4

DAY 46

117쪽
118쪽

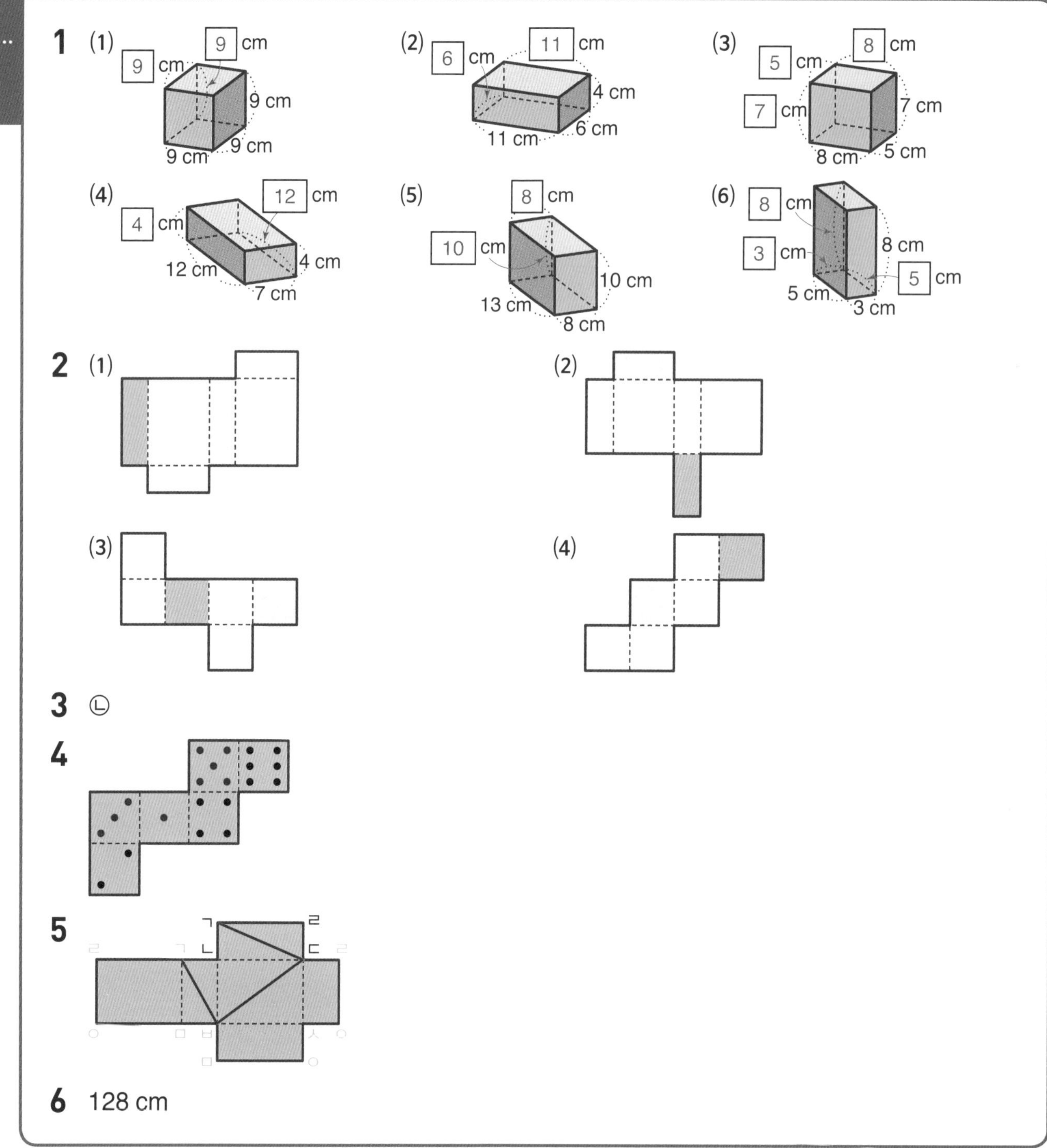

3 ㉠ 'A'면과 'F'면은 평행한 면이므로 만날 수 없습니다.

㉢ 'B'면과 'D'면은 평행한 면이므로 만날 수 없습니다.

6 길이가 5 cm인 모서리: 4번

길이가 12 cm인 모서리: 4번

길이가 10 cm인 모서리: 4번

➡ $5\times4+12\times4+10\times4+20=20+48+40+20=128$ (cm)

06 평균과 가능성

DAY 47

123쪽
124쪽

연산 UP

1 10 바로 개념 수
2 11
3 29
4 80
5 126
6 218
7 12
8 30
9 64
10 83
11 117
12 149

응용 UP

1 진욱이네 모둠
2 민규
3 다윤

응용 UP 2 (민규의 평균)

$=(253+275+302+310)\div4=285$(타)

(효주의 평균)

$=(264+257+311+300)\div4=283$(타)

➡ 285타 $>$ 283타이므로

민규의 기록이 더 좋다고 볼 수 있습니다.

3 (다윤이의 평균)

$=(42+55+54+46+48)\div5=49$(점)

(건우의 평균)

$=(50+44+47+56+43)\div5=48$(점)

➡ 49점 $>$ 48점이므로

다윤이가 농구 게임을 더 잘했다고 볼 수 있습니다.

DAY 48

125쪽
126쪽

연산 UP

1 25명
2 18초
3 147 cm
4 255 t
5 10명
6 24 °C
7 35 kg
8 183 cm

응용 UP

1 9개
2 27명
3 84점
4 63 t

응용 UP 2 (학생 수의 합) $=29\times4=116$(명)

(반달 마을의 학생 수)

$=116-(36+22+31)=27$(명)

4 (쌀 생산량의 합) $=68\times5=340$ (t)

(다 마을의 쌀 생산량)

$=340-(75+64+72+66)=63$ (t)

3 (점수의 합) $=83\times4=332$(점)

(국어 점수) $=332-(80+78+90)=84$(점)

DAY 49

127쪽
128쪽

연산 UP

1

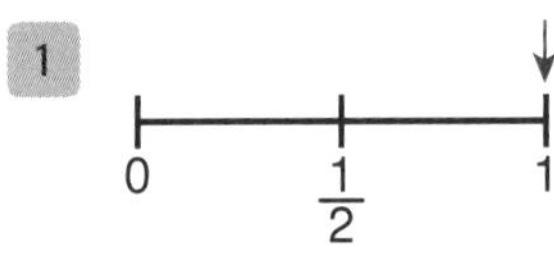

2

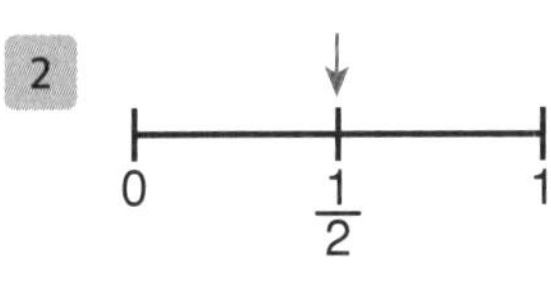

3

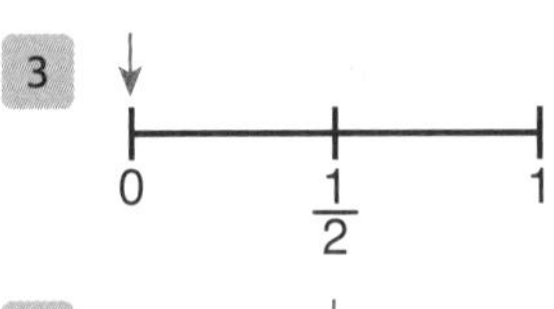

4

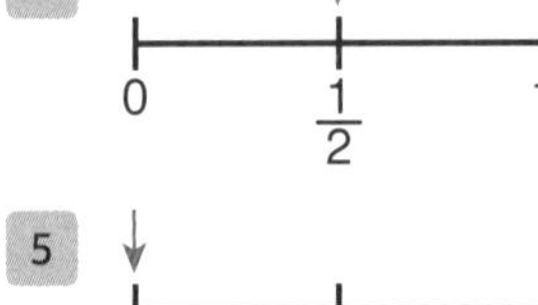

5

0 $\frac{1}{2}$ 1

6

0 $\frac{1}{2}$ 1

7

0 $\frac{1}{2}$ 1

8

0 $\frac{1}{2}$ 1

9

0 $\frac{1}{2}$ 1

10

0 $\frac{1}{2}$ 1

응용 UP

1 1

2 $\frac{1}{2}$

3 0

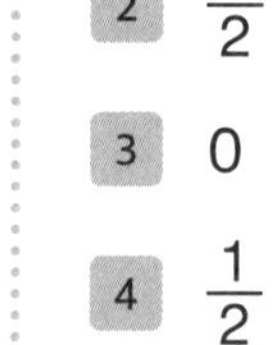

4 $\frac{1}{2}$

5 1

응용 UP 4 뽑은 카드가 짝수일 가능성과 홀수일 가능성은 각각 '반반이다'이므로 수로 표현하면 $\frac{1}{2}$입니다.

5 주사위를 한 번 굴릴 때, 주사위의 눈의 수가 1 이상 6 이하로 나올 가능성은 '확실하다'이므로 수로 표현하면 1입니다.

DAY 50

129쪽
130쪽

1 (1) 13 (2) 19
(3) 68 (4) 124

2 (1) 11회 (2) 7점
(3) 395 mL (4) 172개
(5) 94번 (6) 44분

3 은채

4 45살

5 150 cm

6 1

7 $\frac{1}{2}$

3 석진: $(11+16+12+13)\div4=13$(권), 은채: $(17+15+14+10)\div4=14$(권)
➡ 13권 < 14권이므로 은채가 읽은 책 수의 평균이 더 높습니다.

4 (나이의 합)$=30\times4=120$(살), (어머니의 나이)$=120-(48+15+12)=45$(살)

5 (키의 합)$=148\times5=740$ (cm), (지아의 키)$=740-(148+152+147+143)=150$ (cm)

6 구슬에 적힌 수는 1, 2, 3, 4로 모두 5 미만인 수이므로 가능성을 수로 표현하면 1입니다.

7 주사위의 눈의 수: 1, 2, 3, 4, 5, 6
4의 약수: 1, 2, 4
➡ 주사위의 눈의 수가 4의 약수일 가능성: $\frac{1}{2}\left(=\frac{3}{6}\right)$

기적의 학습서

“오늘도 한 뼘 자랐습니다.”

길벗스쿨